U0147472

红蓝攻防

构建实战化网络安全防御体系

奇安信安服团队 ◎ 著

RED TEAMS VS BLUE TEAMS

BUILDING PRACTICAL CYBERSECURITY DEFENSE SYSTEMS

机械工业出版社
China Machine Press

图书在版编目（CIP）数据

红蓝攻防：构建实战化网络安全防御体系 / 奇安信安服团队著 . -- 北京：机械工业
出版社，2022.6（2022.7 重印）
ISBN 978-7-111-70640-3

I.①红… II.①奇… III.①计算机网络 – 网络安全 IV.①TP393.08

中国版本图书馆 CIP 数据核字（2022）第 068395 号

红蓝攻防：构建实战化网络安全防御体系

出版发行：机械工业出版社（北京市西城区百万庄大街 22 号 邮政编码：100037）
责任编辑：罗词亮　　　　　　　　　　　　　　责任校对：殷　虹
印　　刷：保定市中画美凯印刷有限公司　　　　版　　次：2022 年 7 月第 1 版第 4 次印刷
开　　本：170mm×240mm　1/16　　　　　　　印　　张：16.5
书　　号：ISBN 978-7-111-70640-3　　　　　　定　　价：99.00 元

客服电话：（010）88361066　88379833　68326294　　投稿热线：（010）88379604
华章网站：www.hzbook.com　　　　　　　　　　读者信箱：hzjsj@hzbook.com

作者名单

张翀斌　　刘敬群　　顾　鑫　　袁小勇
龚玉山　　张铁铮　　黄敬磊　　初雪峰
李世杰　　李绪彬　　刘丽锋　　刘新强
秦　学　　薛克伟　　闫绍鹏　　杨朋浩
于晓堃

策划人
刘　洋　　尹　磊

| 前 言 |

在全球信息技术不断推陈出新、数字化转型不断加速的大背景下，我国各个领域也在加快技术创新、数字化转型的步伐，信息化、数字化、智能化等方面正在发生不同程度的变革。新发展不仅带来新机遇，也带来了新风险。网络安全是技术创新、数字化转型的重要基础保障，但当前国内外网络安全形势日趋严峻，数据泄露、供应链攻击、勒索病毒、APT（高级持续性威胁）攻击等网络安全事件频发，网络安全所面临的威胁愈加多样、复杂、棘手。在互联互通的数字化链条中，任何一个漏洞隐患都有可能破坏已有的网络安全防护，给企业、机构等带来信息安全风险、不良影响甚至财产损失等。

网络安全的本质在于对抗，对抗的本质在于攻防两端能力的较量。2020年以来，国家规模的实战攻防演练已成为检验各领域政企机构网络安全防护水平的重要手段。因此，若要全面了解网络安全防护水平和薄弱环节，那么定期组织高质量的实战攻防演练，在真实业务环境下开展"背靠背"的攻防对抗，是一种必然且卓有成效的选择。攻防演练不仅可以发现已存在的安全漏洞隐患并及时修补，还可以检验安全技术人员的监测预警、分析研判和处置溯源能力，提升人员专业技能和安全意识，更可以检验各组织、各部门间的协同响应能力，提升上下和内外之间的联防联动能力，对完善网络安全监测预警和应急响应机制、强化安全防护能力、切实提高网络安全防御水平具有重要意义。

本书内容全面，从什么是实战攻防演练到如何分别站在红队（防守方）、蓝队（攻击方）和紫队（组织方）视角开展演练工作都进行了详细介绍，明确了各方演练的内容与要点，旨在向广大政企机构和网络安全从业人员分享红蓝实战攻防演练经验，并提供基础性的参考方案。

本书分为四部分共 13 章。第一部分介绍红蓝实战攻防演练的基本概念、发展现状、演变趋势及常暴露的薄弱环节等。第二～四部分分别介绍蓝队视角下的防御体系突破、红队视角下的防御体系构建、紫队视角下的实战攻防演练组织，描述了在不同视角下各阶段如何具体开展相关工作，并提供必备能力、重点策略、风险规避措施等实践干货，以及剖析了多个经典案例。

本书适合网络安全从业人员、企业信息化负责人及对网络攻防演练有兴趣的读者学习和参考。由于笔者写作时间和水平有限，书中难免存在疏漏及不妥之处，敬请各位批评斧正。

|目　录|

第四部分　紫队视角下的实战攻防演练组织

第一部分
红蓝对抗基础

在网络实战攻防演练中的防守和攻击两方分别称为红队和蓝队。通常在攻防演练中,除了红蓝双方外,还需要有站在中立角度进行演练组织、评判等的第三方,即紫队。本部分详细介绍了实战攻防演练的概念、意义和现状,对近几年国内实战攻防演练中红蓝紫三方的定位和发展趋势进行了分析,同时描述了攻防演练中暴露的主要安全问题,并讲解了如何建立实战化的安全体系。

认识红蓝紫

1.1 实战攻防演练

1.1.1 为什么要进行实战攻防演练

军事上的实兵演练是除了实战之外最能检验军队战斗力的一种考核方式，可有效提高防御作战能力，以应对外部势力发起的攻击和袭扰，更好地维护国家主权和安全。同样，在网络安全上，真实环境下的网络攻防演练也是网络安全中最能检验安全团队防御能力、发现当前网络环境中存在的安全风险的方式之一。

1. 政策要求驱动

2017 年 6 月 1 日，随着我国第一部网络安全法《中华人民共和国网络安全法》（下简称《网络安全法》）的正式实施，我国网络安全管理迈入法治新阶段，网络空间法治体系建设加速开展。《网络安全法》就网络安全应急演练工作明确指出，关键信息基础设施的运营者应当"制定网络安全事件应急预案，并定期进行演练"，国家网信部门应当统筹协调有关部门"定期组织关键信息基础设施的运营者进行网络安全应急演练，提高应对网络安全事件的水平和协同配合能力"，"负责关键信息基础设施安全保护工作的部门应当制定本行业、本领域的网络安全事件应急预案，并定期组织演练"，要求关键信息基础设施的运营者、国家网信部门等定期组织开展应急演练工作。

2018 年全国网络安全和信息化工作会议于 4 月 20 日至 21 日在北京召开，会议强调，"没有网络安全就没有国家安全，就没有经济社会稳定运行，广大人民群众利益也难以得到保障。要树立正确的网络安全观，加强信息基础设施网络安全防护，加强网络安全信息统筹机制、手段、平台建设，加强网络安全事件应急指挥能力建设，积极发展网络安全产业，做到关口前移，防患于未然。要落实关键信息基础设施防护责任，行业、企业作为关键信息基础设施运营者承担主体防护责任，主管部门履行好监管责任。"

"关口前移"是对落实网络安全防护的方法提出的重要要求，而"防患于未然"则形成了鲜明的以防护效果为导向的指引要求，即要求用更为积极主动、行之有效的方式来应对网络安全问题。在做好"关口前移"的基础上，进一步加强网络安全防护运行工作，除了采用定期检查和突发事件应急响应等偏被动的常规机制外，还需提升安全防护工作的主动性，根据《网络安全法》的规定定期开展安全应急演练工作。网络实战攻防演练便是在新的网络安全形势下，通过攻防双方之间的对抗演练，实现"防患于未然"。

2020 年 7 月，公安部印发《贯彻落实网络安全等级保护制度和关键信息基础设施安全保护制度的指导意见》（下简称《意见》），《意见》明确了网络安全保护"实战化、体系化、常态化"和"动态防御、主动防御、纵深防御、精准防护、整体防控、联防联控"的"三化六防"要求，而实战攻防演练是推动和检验"三化六防"水平的重要手段。《意见》提出："关键信息基础设施运营者和第三级以上网络运营者应定期开展应急演练，有效处置网络安全事件，并针对应急演练中发现的突出问题和漏洞隐患，及时整改加固，完善保护措施。行业主管部门、网络运营者应配合公安机关每年组织开展的网络安全监督检查、比武演习等工作，不断提升安全保护能力和对抗能力。"该文件明确了组织开展实战化演练的责任主体和演练目的，即通过实战化比武演练不断提升安全保护能力和对抗能力。

近年随着国家对网络安全工作的越发重视，尤其是《关键信息基础设施安全保护条例》等关键信息基础设施保护有关政策法规和标准的陆续出台，实战演练已成为国家各个重要行业用于检验网络安全保护水平的重要手段。网络安全的本质在对抗，对抗的本质在攻防两端能力较量。相信随着国家在网络安全方面政策文件的不断完善，"实战练兵"将成为提高抵御网络攻击能力、检验网络安全措施有效性的重要举措。

2. 安全威胁驱动

关键信息基础设施，指的是面向公众提供网络信息服务或支撑能源、通信、金融、交通、公共事业等重要行业运行的信息系统或工业控制系统。这些系统一旦发生网络安全事故，可能会对重要行业正常运行产生较大影响，对国家政治、经济、科技、社会、文化、国防、环境及人民生命财产造成严重损失。

当前，我国关键信息基础设施面临的网络安全形势严峻复杂，网站平台大规模数据泄露事件频发，生产业务系统安全隐患突出，甚至有的系统长期被控，面对高级持续性的网络攻击，防护能力十分欠缺。近几年，针对我国的网络窃密、监听等攻击事件频发，网络空间的网络安全攻防对抗日趋激烈。目前，我国面临的网络安全威胁主要有以下几点。

1）针对我国重要信息系统的高强度、有组织的攻击威胁形势严峻。2020年，据不完全统计，奇安信威胁情报中心共收录了高级威胁类公开报告642篇，涉及151个命名的攻击组织或攻击行动，其中，提及率最高的5个（高级持续性威胁）组织分别是Lazarus（10.3%）、Kimsuky（7.8%）、海莲花（5.4%）、Darkhotel（4.8%）和蔓灵花（3.2%）。监测显示，高级威胁攻击活动覆盖了全球绝大部分国家/地区，其中，提及率最高的5个受害国家分别为中国（7.4%）、韩国（6.6%）、美国（4.9%）、巴基斯坦（3.2%）和印度（3.2%）。中国首次超过美国、韩国、中东等国家/地区，成为全球APT攻击的首要地区性目标。医疗卫生行业首次超过政府、金融、国防、能源、电信等领域，成为全球APT活动关注的首要目标。2020年，新冠肺炎疫情信息成为APT活动常用诱饵，供应链和远程办公成为切入点，定向勒索威胁成为APT活动新趋势。海莲花依旧是东南亚地区最为活跃的APT组织。

2）工业互联网面临的网络安全威胁加剧。2020 年，根据我国国家信息安全漏洞共享平台（CNVD）统计，通用软硬件漏洞为 19 964 个，其中，Web 应用漏洞占总比为 27.7%，操作系统漏洞占总比为 10.3%，网络设备漏洞占总比为 6.8%，数据库漏洞占总比为 1.4%，电信行业漏洞占总比为 4.4%，移动互联网占总比为 7.3%，工控漏洞占总比为 3.2%，物联网终端设备占总比为 2.1%，其他类型占比为 36.8%。工控漏洞虽然在 2020 年全年漏洞中占总比相对较小，但其重要性不可忽视，涉及西门子、施耐德、研华科技等在中国广泛应用的工控系统产品。

2021 年 5 月 7 日，美国燃油管道公司 Colonial Pipeline 管网遭受攻击，攻击者窃取这家公司的重要数据文件，燃油管道运输管理系统也遭遇"劫持"，一度致使美国东部沿海各州的关键供油管道被迫关闭。

3. 国外实战演练开展情况

2017 年 11 月中旬北美举办了第二轮"GridEx-IV"网络战演练，来自美国、加拿大、墨西哥的 450 家组织和机构的 6300 人共同参与了北美电网故障场景的演练。该演练由美国政府与各电力企业合作开展，于 2011 年首次举办之后，每两年举办一次。主要参与对象有电力企业、地区（地方、州、省）和联邦政府执法机构、第一响应和情报机构、关键基础设施跨部门合作伙伴（公共事业单位等）、能源供应链企业等，规模较大。该演练的目的是：证明各参与方应如何应对物理安全威胁事件并恢复演练中的模拟协调网络，从而让各参与方加强危机意识，并彼此交流经验教训；协调各方资源、努力筹备与提出应对举措，解决国家层面的灾难或针对关键基础设施的安全威胁。

2018 年 4 月 23 日至 27 日，来自 30 个国家 / 地区的 1000 多名"战士"在一个虚拟国家 Berylia 进行了为期 5 天的"战斗"，最终北约队折桂，法国队和捷克队分获亚军和季军。这场没有硝烟的虚拟网络战，每年都要开战一次，这便是全球最具影响力、规模最大、最复杂的国际性实战网络防御演练——锁盾（Locked Shields）。锁盾演练的主办方为北约，具体操办机构为北约网络防御中心（CCDCOE，成立于 2008 年），自 2010 年始，每年举办一次。该演练的目的是为各国 / 地区网络防御专家提供保护国家 / 地区信息技术 IT 系统和重要基础设施的演练机会，同时评估大规模网络攻击对民用和军事领域的 IT 系统所造成的影响。

2020 年 8 月 13 日，为期三天的美国"网络风暴 2020"（Cyber Storm 2020）演练落幕，在美国网络安全和基础设施安全局（CISA）的组织下，近 2000 名来自政府机构和私营企业的人员参加了演练。本次演练汲取了往届的经验，跟进了当今网络安全的格局变化，并以此为基础，对网络响应方面取得的成绩进行评估和改进。本次演练促进并加强了公私伙伴关系，对新的关键基础设施合作伙伴进行整合，不仅强调了信息共享和分析机构的关键作用，还强调了实体有必要充分了解自己对第三方服务的依赖。

2021 年 11 月 15 日至 20 日，美国网络司令部举行了"网络旗帜 21-1"演练。此次演练是美国网络司令部规模最大的跨国网络演练，以网络空间集体防御为重点，加强了来自 23 个国家/地区的 200 多名网络作战人员的防御技能。演练利用"国家网络靶场"测试了参与人员检测敌人、驱逐敌人和确定解决方案的能力，以加强其模拟网络的技能。此次演练是美国对 SolarWinds 渗透攻击的回应举措之一，旨在加强网络空间集体防御，确认开放、可靠和安全的互联网的重要性。

1.1.2 实战攻防演练的发展现状

1. 实战攻防演练向规模化演变

我国实战攻防演练的发展分为两个阶段：第一阶段是试验阶段，以学习先进实战经验为主，参演单位少，演练范围小；第二阶段是推广阶段，实战演练发展飞速，参演单位数量暴增，演练走向规模化。

2016 年《中华人民共和国网络安全法》的颁布，标志着我国的网络安全攻防演练进入试验阶段。当年，我国在举行第一场实战攻防演练后，迅速将网络安全实战演练推上日程，为日后发展打下了坚实基础。在试验阶段，世界上著名的"网络风暴""锁盾"等网络攻防演练行动为我国实战攻防演练发展提供了参考。在各部门的高度重视下，演练范围越来越广，参演单位数量和涉及行业逐年增多，我国实战攻防演练开始走向规模化。时至今日，监管机构和各行业都已开展了实战攻防演练，在实战演练中诞生了一大批网络安全尖兵。

2. 演练规则向成熟化演变

随着国内实战攻防演练的规模逐渐扩大，演练规则也在逐年完善，覆盖面更广，内容更贴合实战，在发展过程中渐渐成熟。从规则设置看，数量逐年增加，规则进一步细化，要求更严。对攻击方而言，要尽可能地找出系统中存在的所有安全问题，穷尽所有已知的攻击方法，达到让终端、边界、目标系统失陷的目的；对防守方而言，要进行网络安全监测、预警、分析、验证、处置等一系列工作，并在后期复盘总结现有防护工作中的不足之处，为后续常态化的网络安全防护措施提供优化依据。从具体内容看，规则制定紧贴网络安全发展形势，向实战化倾斜。比如，针对 APT 攻击，要求防守方做到在攻击发生后，不仅要保证损失降到最低，更要掌握是谁、通过何种方式进入系统、做了什么。同时，针对网络安全"一失万无"的特性，除了保护目标系统外，也要保证相关的业务安全运营，在演练中培养从业者的全局意识。

3. 演练频度向常态化演变

在监管部门、政企机构的高度重视下，实战攻防演练逐渐走向常态化，影响力进一步扩大。一年一度的实战攻防演练周期逐渐拉长。同时，更多政企机构开始利用攻防演练检测自身的网络安全能力，从而为后续网络安全建设指路。网络攻击突破空间限制，攻击速度快，随时可能发生。应实战要求，攻防演练对抗周期逐年拉长。在贴合实战的攻防博弈中，防守方必须进行全天候、全方位的网络安全态势感知，增强网络安全防御能力和威慑力。实战攻防演练成为政企机构网络安全防御能力的常态化检查手段。只有打一遍，在攻防对抗中发现问题并解决问题，才能针对特定问题进行建设规划，全面提升网络安全能力。现在很多大型政企机构希望专业的网络安全服务商先做一次实战攻防演练，之后再根据演练结果进行定制化的网络安全规划与设计服务。只有不断进行网络攻防演练和渗透测试，才能不断提升安全防御能力，从而应对不断变化的新型攻击和高级威胁。

4.攻击手段向多样化演变

随着演练经验的不断丰富和大数据安全技术的广泛应用，攻防演练的攻击手段不断丰富，开始使用越来越多的漏洞攻击、身份仿冒等新型作战策略，向多样化演变。

2016年，网络实战攻防演练处于起步阶段，攻防重点大多集中于互联网入口或内网边界。从演练成果来看，从互联网侧发起的直接攻击普遍十分有效，系统的外层防护一旦被突破，横向拓展、跨域攻击往往都比较容易实现。

2018年，防守方对攻击行为的监测、发现能力大幅增强，攻击难度加大，迫使攻击队全面升级。随着部分参与过演练的单位的防御能力大幅提升，攻击队开始尝试更隐蔽的攻击方式，比如身份仿冒、钓鱼Wi-Fi、供应链攻击、邮箱系统攻击、加密隧道等，攻防演练与网络实战的水平更加接近。

2020年，传统攻击方法越来越难取得成效，攻击队开始研究利用应用系统和安全产品中的漏洞发起攻击。比如：大部分行业会搭建VPN（Vitual Private Network，虚拟私人网络）设备，可以利用VPN设备的一些SQL注入、加账号、远程命令执行等漏洞展开攻击；也可以采取钓鱼、爆破、弱口令等方式来取得账号权限，绕过外网打点环节，直接接入内网实施横向渗透。

2021年，攻防对抗进一步升级，防守方攻击监测防护能力的大幅提升以及攻防技术的快速提高，使得攻击队攻击成本和攻击难度也快速提高。于是，攻击队开始大量使用社工攻击手段，从邮件钓鱼发展到微信等多种社交软件钓鱼，甚至到物理渗透、近源攻击，力求有效绕过防护壁垒，快速进入内网。网络安全实战演练是攻防对抗的过程，攻击手段多样化的最终目的是提升网络安全防护能力，应对不断变化的网络安全威胁。

5.安全防御向体系化演变

近几年的实战攻防演练充分证明，没有攻不破的网络，没有打不透的"墙"。面对多样化的网络攻击手段，不能临阵磨枪、仓促应对，必须立足根本、打好基础，用系统思维开展体系化的网络安全建设。网络安全防护思路，急需从过去的被动防御走向主动防御。被动防御可以理解为"事后补救"，采用隔离、修边界等技术方法，是局部的，针对单点的，安全产品之间缺乏联动。这种"头痛医头，脚痛医脚""哪里出问题堵哪里"的防御思路，已经不再适应当前的网络安全形势。主动防御可以理解为"事前防控"，将关口前移，防患于未然。在实战演练后，应对现有安全架构进行梳理，以安全能力建设为核心思路，重新设计企业整体安全架构，通过多种安全能力的组合和结构性设计，形成真正的纵深防御体系。

1.2 蓝队

1.2.1 什么是蓝队

在本书中，蓝队是指网络实战攻防演练中的攻击一方。

蓝队一般会针对目标单位的从业人员以及目标系统所在网络内的软件、硬件设备执行多角度、全方位、对抗性的混合式模拟攻击，通过技术手段实现系统提权、控制业务、获取数据等渗透目标，从而发现系统、技术、人员、管理和基础架构等方面存在的网络安全隐患或薄弱环节。

蓝队人员并不是一般意义上的黑客，黑客往往以攻破系统、获取利益为目标，而蓝队则是以发现系统薄弱环节、提升系统安全性为目标。此外，对于一般的黑客来说，只要发现某一种攻击方法可以达成目标，通常就没有必要再去尝试其他的攻击方法和途径；而蓝队的目标则是尽可能找出系统中存在的所有安全问题，因此蓝队往往会穷尽已知的所有方法来完成攻击。换句话说，蓝队人员需要的是全面的攻防能力，而不仅仅是一两项很强的黑客技术。

蓝队的工作与业界熟知的渗透测试也有所区别。渗透测试通常是指按照规范技术流程对目标系统进行安全性测试；而蓝队攻击一般只限定攻击范围和攻击时段，对具体的攻击方法则没有太多限制。渗透测试过程一般只要验证漏洞的存在即可，而蓝队攻击则要求实际获取系统权限或系统数据。此外，渗透测试一般都会明确要求禁止使用社工手段（通过对人的诱导、欺骗等方法完成攻击），而蓝队则可以在一定范围内使用社工手段。

还有一点必须说明，虽然实战攻防演练过程中通常不会严格限定蓝队的攻击手法，但所有技术的使用、目标的达成都必须严格遵守国家相关的法律法规。

在演练中，蓝队通常会以 3 人为一个战斗小组，1 人为组长。组长通常是蓝队中综合能力最强的，需要具备较强的组织意识、应变能力和丰富的实战经验。而 2 名组员则往往需要各有所长，具备边界突破、横向拓展（利用一台受控设备攻击其他相邻设备）、情报搜集或武器研制等某一方面或几方面的专长。

蓝队工作对人员的能力要求往往是综合性的、全面的，蓝队人员不仅要会熟练使用各种黑客工具、分析工具，还要熟知目标系统及其安全配置，并具备一定的代码开发能力，以便应对特殊问题。

1.2.2 蓝队演变趋势

防守能力不断提升的同时，攻击能力也在与时俱进。目前，蓝队的工作已经变得非常体系化、职业化和工具化。

1）体系化。从漏洞准备、工具准备到情报搜集、内网渗透等，蓝队的每个人都有明确的分工，还要具备团队作战能力，已经很少再有一个人干全套的情况了。

2）职业化。蓝队人员都来自专职实战演练团队，有明确分工和职责，具备协同配合的职业操守，平时会开展专业训练。

3）工具化。工具专业化程度持续提升，除了使用常用渗透工具，对基于开源代码的定制工具的应用也增多，自动化攻击也被大规模应用，如采用多 IP 出口的自动化攻击平台进行作业。

从实战对抗的手法来看，现如今的蓝队还呈现出社工化、强对抗和迂回攻击的特点。

1）社工化。利用人的弱点实施社会工程学攻击，是黑产团伙和高级威胁组织的常用手段，如今也被大量引入实战攻防演练当中。

除了钓鱼、水坑等传统社工攻击手法外，蓝队还会经常通过在线客服、私信好友等多种交互方式进行社工攻击，以高效地获取业务信息。社工手段的多变性往往会让防守方防不胜防。

2）强对抗。利用 0day 漏洞、Nday 漏洞、免杀技术等方式与防守方进行高强度的技术对抗，也是近一两年来蓝队在实战攻防演练中表现出的明显特点。蓝队人员大多出自安全机构，受过专业训练，因而往往会比民间黑客更加了解安全软件的防护机制和安全系统的运行原理，其使用的对抗技术也往往更具针对性。

3）迂回攻击。对于防护严密、有效监控的目标系统，正面攻击往往难以奏效。这就迫使蓝队越来越多地采用迂回的攻击方式，将战线拉长：从目标系统的同级单位和下级单位下手，从供应链及业务合作方下手，在防护相对薄弱的关联机构中寻找突破点，迂回地攻破目标系统。

1.3　红队

1.3.1　什么是红队

红队，在本书中是指网络实战攻防演练中的防守一方。

红队一般是以参演单位现有的网络安全防护体系为基础，在实战攻防演练期间组建的防守队伍。红队的主要工作包括演练前安全检查、整改与加固，演练期间网络安全监测、预警、分析、验证、处置，演练后期复盘和总结现有防护工作中的不足之处，为后续常态化的网络安全防护措施提供优化依据等。

实战攻防演练时，红队通常会在日常安全运维工作的基础上以实战思维进一步加强安全防护措施，包括提升管理组织规格、扩大威胁监控范围、完善监测与防护手段、加快安全分析频率、提高应急响应速度、增强溯源反制能力、建立情报搜集利用机制等，进而提升整体防守能力。

需要特别说明的是，红队并不是由实战演练中目标系统运营单位一家独力组建的，而是由目标系统运营单位、安全运营团队、攻防专家、安全厂商、软件开发商、网络运维队伍、云提供商等多方共同组成的。组成红队的各个团队在演练中的角色与分工情况如下。

- ❑ 目标系统运营单位：负责红队整体的指挥、组织和协调。
- ❑ 安全运营团队：负责整体防护和攻击监控工作。
- ❑ 攻防专家：负责对安全监控中发现的可疑攻击进行分析和研判，指导安全运营团队、软件开发商等相关部门进行漏洞整改等一系列工作。
- ❑ 安全厂商：负责对自身产品的可用性、可靠性和防护监控策略进行调整。
- ❑ 软件开发商：负责对自身系统进行安全加固、监控，配合攻防专家对发现的安全问题进行整改。
- ❑ 网络运维队伍：负责配合攻防专家进行网络架构安全维护、网络出口整体优化、网络监控以及溯源等工作。
- ❑ 云提供商（如有）：负责对自身云系统进行安全加固，对云上系统的安全性进行监控，同时协助攻防专家对发现的问题进行整改。
- ❑ 其他：某些情况下还会有其他组成人员，需要根据实际情况分配具体工作。

特别强调，对于红队来说，了解对手（蓝队）的情况非常重要，正所谓"知彼才能知己"。从攻击角度出发，了解攻击队的思路与打法，了解攻击队的思维，并结合本单位实际网络环境、运营管理情况，制定相应的技术防御和响应机制，才能在防守过程中争取到更大的主动权。

1.3.2 红队演变趋势

2016 年和 2017 年，由于监管单位的推动，部分单位开始逐步参与监管单位组织的实战攻防演练。这个阶段各单位主要作为防守方参加演练。到了 2018 年和 2019 年，实战攻防演练不论单场演练的参演单位数量、攻击队伍数量，还是攻守双方的技术能力等都迅速增强。实战攻防演练已经成为公认的检验各单位网络安全建设水平和安全防护能力的重要手段，各单位也从以往单纯参与监管单位组织的演练逐渐转变，开始自行组织内部演练或联合组织行业演练。

2020年后，随着在实战攻防演练中真刀实枪地不断对抗和磨砺，攻守双方都取得了快速发展和进步。迫于攻击队技战法迅速发展带来的压力，防守队也发生了很大的变化。

1. 防守重心扩大

2020年之前的实战攻防演练主要以攻陷靶标系统为目标，达到发现防守队安全建设和防护短板、提升各单位安全意识的目的。攻击队的主要得分点是拿下靶标系统和路径中的关键集权系统、服务器等权限，在非靶标系统上得分很少。因此，防守队的防守重心往往会聚焦到靶标系统及相关路径资产上。

大部分参加过实战攻防演练的单位对自身的安全问题和短板已经有了充分认识，也都开展了安全建设整改工作，它们急需通过实战攻防演练检验更多重要系统的安全性，并更全面地发现安全风险。因此，从2020年开始，不论监管单位还是单位自身，在组织攻防演练时，都会逐步降低演练中靶标系统的权重，鼓励攻击更多的单位和系统，发现更多的问题和风险。同样，防守队的防守重心也就从以靶标系统为主，扩大到所有的重要业务系统、重要设备和资产、相关上下级单位。

2. 持续加强监测防护手段

随着近几年攻防技术的快速发展，实战攻防演练中各种攻击手段层出不穷、花样百出，各单位在演练中切实感受到了攻击队带来的严重威胁以及防守的巨大压力，防守队的监测和防护体系面临巨大挑战。防守队对于在攻防对抗中确实能够发挥重大作用的安全产品青睐有加，投入大量资金来采购和部署。

2018～2019年，除了传统安全产品外，全流量威胁检测类产品在攻防对抗中证明了自己，获取了各单位的青睐。2020年后，主机威胁检测、蜜罐及威胁情报等产品和服务迅速成熟并在演练中证明了自己对主流攻击的监测和防护能力，防守队开始大规模部署使用。除此之外，对于钓鱼攻击、供应链攻击等还没有有效的防护产品，不过随着在实战中的不断打磨，相应产品也会迅速成熟和广泛使用。

3. 被动防守到正面对抗

要说变化，这两年防守队最大的变化应该是从被动挨打迅速转变为正面对抗、择机反制。之前，演练中的大部分防守队发现攻击后基本就是封堵 IP、下线系统、修复漏洞，之后接着等待下一波攻击。敌在暗，我在明，只能被动挨打。现在，大量的防守队加强了溯源和反制能力，与攻击队展开了正面对抗，并取得了很多战果。

要具备正面对抗能力，需要重点加强以下几方面。

1）快速响应。实战中讲究兵贵神速，在发现攻击时，只有快速确认攻击方式、定位受害主机、采取处置措施，才能够有效阻止攻击，并为下一步的溯源和反制争取时间。

2）准确溯源。《孙子兵法》云："知己知彼，百战不殆。"要想和攻击队正面对抗，首先得找到攻击队的位置，并想办法获取足够多的攻击队信息，才能有针对性地制定反制策略，开展反击。

3）精准反制。反制其实就是防守队发起的攻击。在准确溯源的基础上，需要攻击经验丰富的防守人员来有效、精准地实施反制。当然，也有些单位会利用蜜罐等产品埋好陷阱，诱导攻击队跳进来，之后再利用陷阱中的木马等快速攻陷攻击队系统。

1.4 紫队

1.4.1 什么是紫队

在本书中，紫队是指网络实战攻防演练中的组织方。

紫队在实战攻防演练中，以组织方角色开展演练的整体组织、协调工作，负责演练组织、过程监控、技术指导、应急保障、风险控制、演练总结、技术措施与优化策略建议等各类工作。

紫队组织蓝队对实际环境实施攻击，组织红队实施防守，目的是通过演练检验参演单位的安全威胁应对能力、攻击事件检测发现能力、事件分析研判能力、事件响应处置能力以及应急响应机制与流程的有效性，提升参演单位的安全实战能力。

此外，针对某些不宜在实网中直接攻防的系统，或某些不宜实际执行的危险操作，紫队可以组织攻防双方进行沙盘推演，以便进一步深入评估网络安全风险及可能面临的损失与破坏。

1.4.2　紫队演变趋势

随着攻防演练的发展，演练规模和成熟度逐年上升，攻防对抗过程已进入白热化阶段，无论攻击手段向多样化、体系化转变，还是防守投入增多，防守能力进化，攻防演练的组织工作都会随之演变。种种迹象表明，实战演练已逐步走向常态化、实战化、体系化。

从 2016 年至 2019 年，实战攻防演练历时四年，参演单位逐年递增，涉及行业逐年增加，用户认可度越来越高，防守力度越来越大。从 2018 年开始，部分省份及行业监管单位亦开始组织辖区内、行业内的实战攻防演练；2020 年下半年，部分地市也逐步开始自组织地市范围的实战演练。可谓是遍地开花，实战攻防演练已成为各关基（关键信息基础设施）单位家喻户晓的活动。值得一提的是，近两年，疫情来袭，且反复无常，给攻防演练组织工作带来巨大挑战，但并没有阻止演练工作的开展。为避免人员聚集，降低交叉感染的风险，演练采用无接触方式进行，所有参演人员线上开展工作，保障演练工作顺利开展。

此外，还有一个显著变化是，2020 年，在实战攻防演练中首次增加沙盘推演环节，沙盘推演应运而生。沙盘推演的目的是：将实网攻击成果加以延伸，在沙盘中进行更深入的攻击推演；全面、深入地开展实战演练，找到安全脆弱点，对实战攻防演练阶段遇到的"不敢打、不能打、不让打"的核心资产、核心业务进行推演，评估被攻陷的可能性以及被攻陷后产生的政治、经济、声誉等方面的影响。推演形式为：每一场选取实网演练阶段问题多、问题影响大的参演单位作为防守方，同时选取针对该防守单位实网成果多的攻击队作为攻击方，开展第二阶段的沙盘推演。在 2021 年的实战攻防演练的第二阶段，沙盘推演规模有增无减，在范围、周期、场次、人员投入等多个维度上都进行了大幅度的升级。

1.5 实战攻防演练中暴露的薄弱环节

实战攻防演练已成为检验参演机构网络安全防御能力和水平的"试金石"，以及参演机构应对网络攻击能力的"磨刀石"。近年的实战攻防演练中，针对大型网络的攻击一般会组合利用多种攻击方式：0day 攻击、供应链攻击、进攻流量隧道加密等。面对此类攻击时，传统安全设备构筑的防护网显得有些力不从心，暴露出诸多问题。总的来看，实战攻防演练中主要暴露出以下薄弱环节。

1. 互联网未知资产或服务大量存在

在实战攻防演练中，资产的控制权和所有权始终是攻防双方的争夺焦点。互联网暴露面作为流量的入口，是攻击方重要的攻击对象。资产不清是很多政企单位面临的现状。数字化转型带来的互联网暴露面不断扩大，政企单位的资产范围不断外延。除了看得到的"冰面资产"之外，还有大量的冰面之下的资产，包括无主资产、灰色资产、僵尸资产等。在实战攻防演练中，一些单位存在年久失修、无开发维护保障的老旧系统和僵尸系统，因为清理不及时，这些系统容易成为攻击者的跳板，构成严重的安全隐患。

根据奇安信安全服务团队的观察，在实战攻防演练前期对机构的体检中，经常能够发现未及时更新的老旧系统。因为老旧系统存在历史遗留问题以及管理混乱问题，攻击队可以通过分析它们的已知漏洞，成功攻入内部网络。例如，某大型企业在前期自查阶段经过互联网资产发现，发现资产清单有大量与实际不符的情况，这给自查整改和攻击防护造成很大影响。

2. 网络及子网内部安全域之间隔离措施不到位

网络内部的隔离措施是考验企业网络安全防护能力的重要因素。很多机构没有严格的访问控制（ACL）策略，在 DMZ（隔离区）和办公网之间不进行或很少进行网络隔离，办公网和互联网相通，网络区域划分不严格，可以直接使远程控制程序上线，导致攻击方可以轻易实现跨区攻击。

大中型政企机构还存在"一张网"的情况，它们习惯于使用单独架设的专用网络来打通各地区之间的内部网络连接，而不同区域内网间缺乏必要的隔离管控措施，缺乏足够有效的网络访问控制。这就导致蓝队一旦突破了子公司或分公司的防线，便可以通过内网进行横向渗透，直接攻击集团总部，或是漫游整个企业内网，攻击任意系统。

在实战攻防演练中，面对防守严密的总部系统，蓝队很难正面突破，直接撬开内部网络的大门。因此绕过正面防御，尝试通过攻击防守相对薄弱的下属单位，再迂回攻入总部的目标系统，成为一种"明智"的策略。从 2020 年开始，各个行业的总部系统被蓝队从下级单位路径攻击甚至攻陷的案例比比皆是。

3. 互联网应用系统常规漏洞过多

在历年的实战攻防演练期间，已知应用系统漏洞、中间件漏洞以及因配置问题产生的常规漏洞，是攻击方发现的明显问题和主要攻击渠道。

从中间件来看，WebLogic、WebSphere、Tomcat、Apache、Nginx、IIS 都有人使用。WebLogic 应用比较广泛，因存在反序列化漏洞，所以常常会被作为打点和内网渗透的突破点。所有行业基本上都有对外开放的邮件系统，可以针对邮件系统漏洞，比如跨站漏洞、CoreMail 漏洞、XXE 漏洞来开展攻击，也可以通过钓鱼邮件和鱼叉邮件攻击来开展社工工作，这些均是比较好的突破点。

4. 互联网敏感信息泄露明显

网络拓扑、用户信息、登录凭证等敏感信息在互联网上被大量泄露，成为攻击方突破点。实际上，2020 年是有记录以来数据泄露最严重的一年。根据 Canalys 的报告，2020 年泄露的记录比过去 15 年的总和还多。大量互联网敏感数据泄露，为攻击者进入内部网络和开展攻击提供了便利。

5.边界设备成为进入内网的缺口

互联网出口和应用都是攻入内部网络的入口和途径。目前政企机构的接入防护措施良莠不齐，给蓝队创造了大量的机会。针对 VPN 系统等开放于互联网边界的设备或系统，为了避免影响员工使用，很多政企机构没有在其传输通道上增加更多的防护手段；再加上此类系统多会集成统一登录，一旦获得了某个员工的账号密码，蓝队可以通过这些系统突破边界直接进入内部网络。

此外，防火墙作为重要的网络层访问控制设备，随着网络架构与业务的增长与变化，安全策略非常容易混乱，甚至一些政企机构为了解决可用性问题，采取了"any to any"的策略。防守单位很难在短时间内梳理和配置涉及几十个应用、上千个端口的精细化访问控制策略。缺乏访问控制策略的防火墙，就如同敞开的大门，安全域边界防护形同虚设。

6.内网管理设备成为扩大战果的突破点

主机承载着政企机构的关键业务应用，须重点关注，重点防护。但很多机构的内部网络的防御机制脆弱，在实战攻防演练期间，经常出现早已披露的陈年漏洞未修复，特别是内部网络主机、服务器以及相关应用服务补丁修复不及时的情况。对于蓝队来说，这些脆弱点是可利用的重要途径，可以用来顺利拿下内部网络服务器及数据库权限。

集权类系统成为攻击的主要目标。在攻防演练过程中，云管理平台、核心网络设备、堡垒机、SOC 平台、VPN 等集权系统，由于缺乏定期的维护升级，已经成为扩大权限的突破点。集权类系统一旦被突破，整个内部的应用和系统也基本全部被突破，蓝队可以借此实现以点打面，掌握对其所属管辖范围内的所有主机的控制权。

7.安全设备自身安全成为新的风险点

安全设备作为政企机构对抗攻击者的重要工具，其安全性应该相对较高，但实际上安全产品自身也无法避免 0day 攻击，安全设备自身安全成为新的风险点。每年攻防演练都会爆出某某安全设备自身存在的某某漏洞被利用、被控制，反映出安全设备厂商自身安全开发和检测能力没有做到位，给蓝队留下了后门，形成新的风险点。2020 年实战攻防演练的一大特点是，安全产品的漏洞挖掘和利用现象非常普遍，多家企业的多款安全产品被挖掘出新漏洞（0day 漏洞）或存在高危漏洞。

历年实战攻防演练中，被发现和利用的各类安全产品 0day 漏洞主要涉及安全网关、身份与访问管理、安全管理、终端安全等类型的安全产品。利用这些安全产品的漏洞，蓝队可以：突破网络边界，获取控制权限并进入网络；获取用户账户信息，并快速拿下相关设备和网络的控制权限。近两三年，出现了多起 VPN、堡垒机、终端管理等重要安全设备被蓝队利用重大漏洞完成突破的案例，这些安全设备被攻陷，直接造成网络边界防护失效，大量管理权限被控制。

8. 供应链攻击成为攻击方的重要突破口

在攻防演练过程中，随着防守方对攻击行为的监测、发现和溯源能力大幅增强，攻击队开始更多地转向供应链攻击等新型作战策略。蓝队会从 IT（设备及软件）服务商、安全服务商、办公及生产服务商等供应链机构入手，寻找软件、设备及系统漏洞，发现人员及管理薄弱点并实施攻击。常见的系统突破口有邮件系统、OA 系统、安全设备、社交软件等，常见的突破方式有利用软件漏洞、管理员弱口令等。由于攻击对象范围广，攻击方式隐蔽，供应链攻击成为攻击方的重要突破口，给政企安全防护带来了极大的挑战。从奇安信在 2021年承接的实战攻防演练情况来看，由于供应链管控弱，软件外包、外部服务提供商等成为迂回攻击的重要通道。

9. 员工安全意识淡薄是攻击的突破口

很多情况下，攻击人要比攻击系统容易得多。利用人员安全意识不足或安全能力不足，实施社会工程学攻击，通过钓鱼邮件或社交平台进行诱骗，是攻击方经常使用的手法。

钓鱼邮件是最常用的攻击手法之一。即便是安全意识较强的 IT 人员或管理员，也很容易被诱骗点开邮件中的钓鱼链接或木马附件，进而导致关键终端被控，甚至整个网络沦陷。在历年攻防演练过程中，攻击队通过邮件钓鱼等方式攻击 IT 运维人员办公用机并获取数据及内网权限的案例数不胜数。

人是支撑安全业务的最重要因素，专业人才缺乏是政企机构面临的挑战之一。在攻防演练期间，有大量防守工作需要开展，而且专业性较强，要求企业配备足够强大的专业化网络安全人才队伍。

10. 内网安全检测能力不足

攻防演练中，攻击方攻击测试，对防守方的检测能力要求更高。网络安全监控设备的部署、网络安全态势感知平台的建设，是实现安全可视化、安全可控的基础。部分企业采购并部署了相关工具，但是每秒上千条告警，很难从中甄别出实际攻击事件。此外，部分老旧的防护设备，策略配置混乱，安全防护依靠这些系统发挥中坚力量，势必力不从心。流量监测及主机监控工具缺失，仅依靠传统防护设备的告警，甚至依靠人工翻阅海量日志来判断攻击，会导致"巧妇难为无米之炊"。更重要的是，精于内部网络隐蔽渗透的攻击方在内部网络进行非常谨慎而隐蔽的横向拓展，很难被流量监测设备或态势感知系统检测。

网络安全监控是网络安全工作中非常重要的方面。重视并建设好政企机构网络安全监控体系，持续运营并优化网络安全监控策略，是让政企机构真正可以经受实战化考验的重要举措。

1.6　建立实战化的安全体系

安全的本质是对抗。对抗是攻防双方能力的较量，是一个动态的过程。业务在发展，网络在变化，技术在变化，人员在变化，攻击手段也在不断变化。网络安全没有"一招鲜"的方式，只有在日常工作中不断积累，不断创新，不断适应变化，持续构建自身的安全能力，才能应对随时可能威胁系统的各种攻击。不能临阵磨枪、仓促应对，而应立足根本、打好基础。加强安全建设，构建专业化的安全团队，优化安全运营过程，并针对各种攻击事件进行重点防护，这些才是根本。

防守队不应再以"修修补补，哪里出问题堵哪里"的思维来解决问题，而应未雨绸缪，从管理、技术、运行等方面建立系统化、实战化的安全体系，从而有效应对实战环境下的安全挑战。

1. 完善面向实战的纵深防御体系

实战攻防演练的真实对抗表明，攻防是不对称的。通常情况下，攻击队只需要撕开一个点，就会有所收获，甚至可以通过攻击一个点，拿下一座"城池"。但对于防守队来说，需要考虑的是安全工作的方方面面，仅关注某个或某些防护点已经满足不了防护需求。实战攻防演练中，对攻击队或多或少还有些攻击约束要求，而真实的网络攻击则完全无拘无束，与实战攻防演练相比，更加隐蔽而强大。

要应对真实网络攻击行为，仅仅建立合规型的安全体系是远远不够的。随着云计算、大数据、人工智能等新型技术的广泛应用，信息基础架构层面变得更加复杂，传统的安全思路已越来越难以满足安全保障的要求。必须通过新思路、新技术、新方法，从体系化的规划和建设角度，建立纵深防御体系架构，整体提升面向实战的防护能力。

从应对实战的角度出发，对现有安全架构进行梳理，以安全能力建设为核心思路，面向主要风险重新设计政企机构整体安全架构，通过多种安全能力的组合和结构性设计形成真正的纵深防御体系，并努力将安全工作前移，确保安全与信息化"三同步"（同步规划、同步建设、同步运行），建立起具备实战防护能力、有效应对高级威胁、持续迭代演进提升的安全防御体系。

2. 形成面向过程的动态防御能力

在实战攻防对抗中，攻击队总是延续信息收集、攻击探测、提权、持久化的一个个循环过程。攻击队总是通过不断地探测发现环境漏洞，并尝试绕过现有的防御体系，侵入网络环境。如果防御体系的安全策略长期保持不变，一定会被"意志坚定"的攻击队得手。所以，为了应对攻击队持续变化的攻击行为，防御体系自身需要具有一定适应性的动态检测能力和响应能力。

在攻防对抗实践中，防守队应利用现有安全设备的集成能力和威胁情报能力，通过分析云端威胁情报的数据，让防御体系中的检测设备和防护设备发现更多的攻击行为，并依据设备的安全策略做出动态的响应处置，把攻击队阻挡在边界之外。同时，在设备响应处置方面，也需要多样化的防护能力来识别攻击队的攻击行为和动机，例如封堵 IP、拦截具有漏洞的 URL 访问等策略。

通过建立动态防御体系，不仅可以有效拦截攻击队的攻击行为，还可以迷惑攻击队，让攻击队的探测行为失去方向，让更多的攻击队知难而退，从而在对抗中占得先机。

3. 建设以人为本的主动防御能力

安全的本质是对抗，对抗是人与人的较量。攻防双方都在对抗中不断提升各自的攻防能力。在这个过程中，就需要建立一个技术水平高的安全运营团队。该团队要能够利用现有的防御体系和安全设备，持续检测并分析内部的安全事件告警与异常行为，发现已进入内部的攻击队并对其采取安全措施，压缩其在内部的停留时间。

构建主动防御的基础是可以采集到内部的大量有效数据，包括安全设备的告警、流量信息、账号信息等。为了将对内部网络的影响最小化，采用流量威胁分析的方式，实现全网流量威胁感知，特别是关键的边界流量、内部重要区域的流量。安全运营团队应利用专业的攻防技能，从这些流量威胁告警数据中发现攻击线索，并对已发现的攻击线索进行威胁巡猎、拓展，一步步找到真实的攻击点和受害目标。

主动防御能力主要表现为构建安全运营的闭环，包括以下三方面。

1）在漏洞运营方面，形成持续的评估发现、风险分析、加固处置的闭环，减少内部的受攻击面，使网络环境达到内生安全。

2）在安全事件运营方面，对实战中攻击事件的行为做到"可发现、可分析、可处置"的闭环管理，实现安全事件的全生命周期管理，压缩攻击队在内部的停留时间，降低安全事件的负面影响。

3）在资产运营方面，逐步建立起配置管理库（CMDB），定期开展暴露资产发现工作，并定期更新配置管理库，这样才能使安全运营团队快速定位攻击源和具有漏洞的资产，通过未知资产处置和漏洞加固，减少内外部的受攻击面。

4. 建立基于情报数据的精准防御能力

在实战攻防对抗中，封堵 IP 是很多防守队的主要响应手段。这种手段相对简单、粗暴，容易造成对业务可用性的影响，主要体现在：

- ❑ 如果检测设备误报，结果被封堵的 IP 并非真实的攻击 IP，就会影响到互联网用户的业务；
- ❑ 如果攻击 IP 自身是一个 IDC 出口 IP，那么封堵该 IP 就可能造成 IDC 后端大量用户的业务不可用。

所以，从常态化安全运行角度来看，防守队应当逐步建立基于情报数据的精准防御能力。具体来说，主要包括以下三方面。

1）防守队需要培养精准防御的响应能力，在实战攻防对抗中针对不同的攻击 IP、攻击行为采用更细粒度、更精准的防御手段。

结合实战攻防对抗场景，防守队可以利用威胁情报数据共享机制，实现攻击源的精准检测与告警，促进精准防御。减少检测设备误报导致的业务部分中断。此外，让威胁情报数据共享在网络流量监测设备、终端检测与响应系统、主机防护系统等多点安全设备或系统上共同作用，可以形成多样化、细粒度的精准防御。

2）为了最小化攻防活动对业务可用性的影响，需要设计多样化的精准防御手段与措施，既可延缓攻击，又可满足业务连续性需要。

例如，从受害目标系统维度考虑建立精准防御能力，围绕不同的目标系统，采取不同的响应策略。针对非实时业务系统的攻击，可以考虑通过防火墙封禁 IP 的模式；而针对实时业务系统的攻击，就应考虑在 WAF 设备上拦截具有漏洞的页面访问请求，从而达到对实时业务系统的影响最小化。

3）为了保证在实战攻防对抗过程中防守方不会大面积失陷，应对于重要主机，例如域控服务器、网管服务器、OA 服务器、邮件服务器等，加强主机安全防护，阻止主机层面的恶意代码运行与异常进程操作。

5.打造高效一体的联防联控机制

在实战攻防对抗中，攻击是一个点，攻击队可以从一个点攻破整座"城池"。所以在防守的各个阶段，不应只是安全部门孤军奋战，而应有更多的资源支持，有更多的部门协同工作，这样才有可能做好全面的防守工作。

例如，一个攻击队正在对某个具有漏洞的应用系统进行渗透攻击，在检测发现层面，需要安全运营团队的监控分析发现问题，然后通知网络部门进行临时封堵攻击IP，同时要让开发部门尽快修复应用系统的漏洞。这样才能在最短时间内让攻击事件的处置形成闭环。

在实战攻防对抗中，防守队一定要建立起联防联控的机制，分工明确，信息通畅。唯有如此，才能打好实战攻防演练的战斗工作。联防联控的关键点如下。

1）安全系统协同。通过安全系统的接口实现系统之间的集成，加强安全系统的联动，实现特定安全攻击事件的自动化处置，提高安全事件的响应处置效率。

2）内部人员协同。内部的安全部门、网络部门、开发部门、业务部门全力配合实战攻防对抗工作组完成每个阶段的工作，并在安全值守阶段全力配合工作组做好安全监控与处置工作。

3）外部人员协同。实战攻防对抗是一个高频的对抗活动，在这期间，需要外部的专业安全厂商配合工作组防守，各个厂商之间应依据产品特点和职能分工落实各自的工作，并做到信息通畅、听从指挥。

4）平台支撑，高效沟通。为了加强内部团队的沟通与协同，在内部通过指挥平台实现各部门、各角色之间的流程化、电子化沟通，提升沟通协同效率，助力联防联控有效运转。

6.强化行之有效的整体防御能力

2020年实战攻防演练的要求是：如果与报备目标系统同等重要的系统被攻陷，也要参照报备目标系统规则扣分。

这就给大型机构的防守队带来了前所未有的防守压力。原来通行的防守策略是重兵屯在总部（目标系统一般在总部），提升总部的整体防御能力；但随着实战攻防演练规则的演变，总部和分支机构变得同等重要。

从攻击路径来看，分支机构的安全能力一般弱于总部，同时分支机构和总部网络层面是相通的，并且在早期进行安全建设的时候往往会默认对方的网络是可信的；在安全防护层面，总部一般仅仅对来自分支机构的访问请求设置一些比较粗糙的访问控制措施。这些安全隐患都会给攻击队留出机会，使攻击队可以从薄弱点进入，然后横向拓展到总部的目标系统。

因此，防守队只有将总部和分支机构进行统一的安全规划和管理，形成整体防御能力，才能有效开展实战攻防对抗。在整体防御能力上，建议防守队开展如下工作。

1）互联网出入口统一管理。条件允许的情况下，应尽量上收分支机构的互联网出入口。统一管理的好处是集中防御、节约成本、降低风险。同时，在整体上开展互联网侧的各类风险排查，包括互联网未知资产、敏感信息泄露、社工信息的清理等工作。

2）加强分支机构防御能力。如果无法实现分支机构的互联网出入口统一管理，则让分支机构参考总部的安全体系建设完善其自身的防御能力，避免让出入口成为安全中的短板。

3）全面统筹，协同防御。在准备阶段，应让分支机构配合总部开展风险排查；在实战值守阶段，让分支机构与自己一起安全值守，并配置适当的安全监控人员、安全分析处置人员，配合自己做好整体的防御、攻击的应急处置等工作。

第二部分
蓝队视角下的防御体系突破

　　蓝队作为实战攻防演练中的攻击方，根据队员的不同攻击能力特点组织攻击团队。队员们在网络攻击各阶段各司其职，采用适当的攻击手段和攻击策略对目标系统展开网络攻击，最终获取目标网络和系统的控制权限和数据，检验目标单位的网络安全防护能力。

　　本部分主要站在蓝队的角度，讲述网络实战攻防演练中攻击阶段的划分、各阶段主要工作内容、攻击中主要使用的技术手段以及攻方人员必备的技能，最后通过多个实战案例对攻击手段进行了直观展示。

蓝队攻击的 4 个阶段

蓝队的攻击是一项系统的工作，整个攻击过程是有章可循、科学合理的，涵盖了从前期准备、攻击实施到靶标控制的各个步骤和环节。按照任务进度划分，一般可以将蓝队的工作分为 4 个阶段：准备工作、目标网情搜集、外网纵向突破和内网横向拓展（见图 2-1）。

第一阶段	第二阶段	第三阶段	第四阶段
准备工作	**目标网情搜集**	**外网纵向突破**	**内网横向拓展**
工具准备	信息搜集工具	Web网站	内网漏洞利用
专业技能储备	扫描探测工具	外网邮件系统	口令复用或弱口令
人才队伍储备	口令爆破工具	边界网关、防火墙	安全认证信息利用
	漏洞利用工具	外部应用平台	内网钓鱼
	Webshell管理工具		内网水坑攻击
	内网穿透工具		
	网络抓包分析工具		
	渗透集成平台		

图 2-1　蓝队攻击的 4 个阶段

2.1 准备工作

实战攻防演练一般具有时间短、任务紧的特点，前期各项准备工作是否充分是决定蓝队能否顺利完成攻击任务的关键因素。在一场实战攻防演练开始前，蓝队主要会从工具、技能和队伍三方面来进行准备（见图 2-2）。

工具准备　　　　　专业技能储备　　　　　人才队伍储备

图 2-2　蓝队准备工作

2.1.1　工具准备

在蓝队攻击任务中，各类工具的运用会贯穿始终，高质量的工具往往能起到事半功倍的效果，极大提升蓝队的攻击效率。因为攻防演练任务紧、时间有限，很多战机稍纵即逝，而现场临时对渗透工具进行搜集匹配或调试往往会耽误宝贵的时间，甚至错过极佳的突破时机，所以高质量的工具准备是蓝队攻击任务高效推进的有力保证。网络实战攻防演练前，需要准备任务各环节会用到的工具，包括信息搜集、扫描探测、口令爆破、漏洞利用、远程控制、Webshell 管理、隧道穿透、网络抓包分析和集成平台等各类工具。

1. 信息搜集工具

蓝队主要利用信息搜集工具搜集目标网络 IP、域名等详细网络信息，并利用搜集到的信息准确确定渗透攻击范围。常用的工具如下。

（1）Whois

Whois（音同"Who is"，非缩写）是用来查询域名的 IP 及所有者等信息的传输协议。简单来说，Whois 就是一个用来查询域名是否已经被注册、注册域名详细信息（如域名所有人、域名注册商）的数据库。通过 Whois 可实现对域名信息的查询。早期的 Whois 查询多以命令列接口存在，现在出现了一些基于网页接口的简化线上查询工具，可以一次向不同的数据库查询。APNIC（Asia-Pacific Network Information Center，亚太互联网络信息中心），是全球五大区域性因特网注册管理机构之一，负责亚太地区 IP 地址、ASN（自治域系统号）的分配并管理一部分根域名服务器镜像。CNNIC（China Internet Network Information Center，中国互联网络信息中心）是我国的域名体系注册管理机构。APNIC 和 CNNIC 均提供所辖范围内域名信息查询的 Whois 服务。

（2）nslookup 命令工具

nslookup 是 Windows 系统中一个非常有用的命令解析工具，用于连接 DNS 服务器、查询域名信息。它可以指定查询的类型，可以查到 DNS 记录的生存时间，还可以指定使用哪个 DNS 服务器进行解释。在已安装 TCP/IP 协议的电脑上均可以使用这个命令工具探测域名系统（DNS）基础结构的信息。

（3）DIG 命令工具

DIG（Domain Information Groper，域名信息搜索器）是 Linux 和 Unix 环境下与 Windows 环境下的 nslookup 作用相似的域名查询命令工具。DIG 工具能够显示详细的 DNS 查询过程，是一个非常强大的 DNS 诊断查询工具，具有设置灵活、输出清晰的特点。一般 Linux 和 Unix 系统都已内置了该功能，而在 Windows 环境下只有 nslookup 工具，也可以考虑安装和部署 DIG 工具。

（4）OneForAll 子域名搜集工具

OneForAll 是一款基于 CPython 开发的功能强大的子域收集工具，具有全面的接口和模块支持，集成证书透明度、网络爬虫、常规检查、DNS 数据集、DNS 查询与搜索引擎 6 个模块，支持各搜集模块多线程调用，对搜集的子域结果自动去重，有较高的扫描效率，并且支持将搜集结果以多种格式导出利用。

2. 扫描探测工具

蓝队主要利用扫描探测工具对目标 Web 应用系统、网络设备、终端主机或服务器进行漏洞和薄弱点发现，为进一步利用扫描探测到的漏洞实施渗透攻击做准备。网上公开、免费的扫描探测工具非常多，有的蓝队还会自主开发扫描探测工具。比较有名的开源扫描探测工具有以下几个。

（1）Nmap

Nmap（Network Mapper）是一款开放源代码的网络探测和安全审核工具，具备对 Windows、Linux、macOS 等多个操作系统的良好兼容性，功能包括在线主机探测（检测存活在网络上的主机）、端口服务探测（检测主机上开放的端口和应用服务）、设备指纹探测（监测目标系统类型和版本信息）和漏洞探测（借助 Nmap 脚本对目标脆弱性进行扫描和检测）。Nmap 扫描示例见图 2-3。

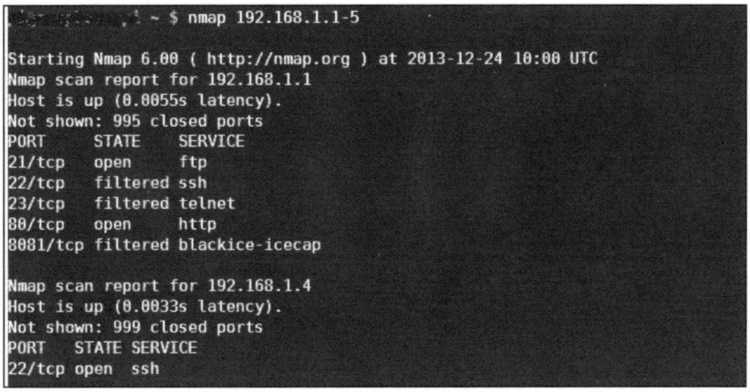

```
~ $ nmap 192.168.1.1-5

Starting Nmap 6.00 ( http://nmap.org ) at 2013-12-24 10:00 UTC
Nmap scan report for 192.168.1.1
Host is up (0.0055s latency).
Not shown: 995 closed ports
PORT      STATE    SERVICE
21/tcp    open     ftp
22/tcp    filtered ssh
23/tcp    filtered telnet
80/tcp    open     http
8081/tcp filtered blackice-icecap

Nmap scan report for 192.168.1.4
Host is up (0.0033s latency).
Not shown: 999 closed ports
PORT    STATE SERVICE
22/tcp open  ssh
```

图 2-3　Nmap 扫描示例

（2）Nessus

Nessus 是一款功能强大、操作方便的网络系统安全扫描工具，号称是“全球使用人数最多的系统漏洞扫描与分析软件，全世界超过 75 000 个组织在使用它”。Nessus 采用集成技术帮助执行物理和虚拟设备发现及软件安全审核，通过插件库实现功能拓展和最新漏洞补丁检测，并提供对包括移动设备在内的广泛的网络资产覆盖和架构环境探测。

（3）AWVS

AWVS（Acunetix Web Vulnerability Scanner）是一款知名的 Web 网络

漏洞扫描工具，利用网络爬虫原理来测试 Web 网站的安全性。AWVS 采用
AcuSensor 技术和自动化客户端脚本分析器实现业内最先进且深入的 SQL 注
入和跨站脚本测试，集成了 HTTP Editor 和 HTTP Fuzzer 等高级渗透测试工
具，允许对 AJAX 和 Web 2.0 应用程序进行安全性测试，支持通过多线程高速
扫描 Web 网络服务来检测流行安全漏洞。AWVS 的扫描任务界面如图 2-4 所示。

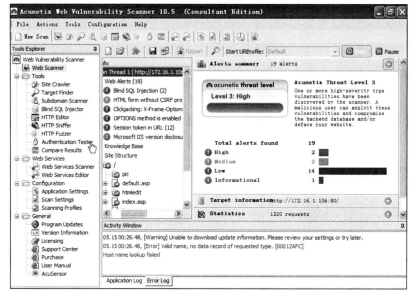

图 2-4　AWVS 扫描任务界面

（4）Dirsearch

Dirsearch 是一款用 Python 开发的目录扫描工具，可对包括目录和文件在
内的网站 Web 页面结构进行扫描，进而搜集关于后台目录、后台数据库、弱口
令、安装包、网站源码和后台编辑器类型等敏感信息的信息。

（5）Nikto

Nikto 是一款开源的 Web 安全扫描工具，可对 Web 服务器进行全面的多项
安全测试，扫描指定主机的 Web 类型、主机名、目录、特定 CGI 漏洞。Nikto
使用 Rain Forest Puppy 的 LibWhisker 实现 HTTP 功能，并且可以检查 HTTP 和
HTTPS，同时支持基本的端口扫描以判定网页服务器是否运行在其他开放端口上。

3. 口令爆破工具

口令意味着访问权限，是打开目标网络大门的钥匙。蓝队主要利用口令爆破工具来完成对目标网络认证接口用户名和口令的穷尽破解，以实现对目标网站后台、数据库、服务器、个人终端、邮箱等目标的渗透控制。

（1）超级弱口令检查工具

超级弱口令检查工具（弱口令扫描检测）是可在 Windows 平台运行的弱密码口令检测工具，支持批量多线程检查，可以快速检测弱密码、弱密码账户、密码支持和用户名组合检查，从而大大提高检查成功率，并且支持自定义服务。该工具目前支持 SSH、RDP、Telnet、MySQL、SQL Server、Oracle、FTP、MongoDB、Memcached、PostgreSQL、SMTP、SMTP_SSL、POP3、POP3_SSL、IMAP、IMAP_SSL、SVN、VNC、Redis 等服务的弱密码检查爆破（见图 2-5）。

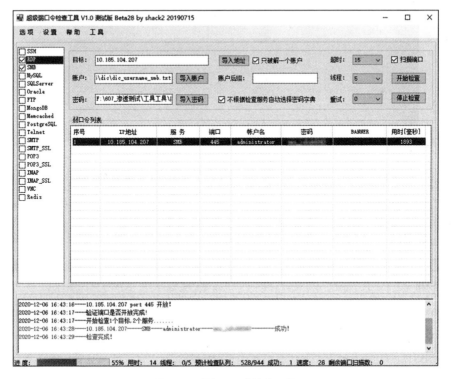

图 2-5　超级弱口令检查工具

（2）Medusa

Medusa 是 Kali Linux 系统下对登录服务进行暴力破解的工具，基于多线程并行可同时对多个主机、服务器进行用户名或密码强力爆破，以尝试获取远程验证服务访问权限。Medusa 支持大部分允许远程登录的服务，包括 FTP、HTTP、SSH v2、SQL Server、MySQL、SMB、SMTP、SNMP、SVN、Telnet、VNC、AFP、CVS、IMAP、NCP、NNTP、POP3、PostgreSQL、rlogin、rsh 等（见图 2-6）。

```
root@kali:~# medusa -d
Medusa v2.2 [http://www.foofus.net] (C) JoMo-Kun / Foofus Networks <jmk@foofus.net>

  Available modules in "." :

  Available modules in "/usr/lib/medusa/modules" :
    + cvs.mod : Brute force module for CVS sessions : version 2.0
    + ftp.mod : Brute force module for FTP/FTPS sessions : version 2.1
    + http.mod : Brute force module for HTTP : version 2.1
    + imap.mod : Brute force module for IMAP sessions : version 2.0
    + mssql.mod : Brute force module for M$-SQL sessions : version 2.0
    + mysql.mod : Brute force module for MySQL sessions : version 2.0
    + nntp.mod : Brute force module for NNTP sessions : version 2.0
    + pcanywhere.mod : Brute force module for PcAnywhere sessions : version 2.0
    + pop3.mod : Brute force module for POP3 sessions : version 2.0
    + postgres.mod : Brute force module for PostgreSQL sessions : version 2.0
    + rdp.mod : Brute force module for RDP (Microsoft Terminal Server) sessions : version 0.1
    + rexec.mod : Brute force module for REXEC sessions : version 2.0
    + rlogin.mod : Brute force module for RLOGIN sessions : version 2.0
    + rsh.mod : Brute force module for RSH sessions : version 2.0
    + smbnt.mod : Brute force module for SMB (LM/NTLM/LMv2/NTLMv2) sessions : version 2.1
    + smtp-vrfy.mod : Brute force module for verifying SMTP accounts (VRFY/EXPN/RCPT TO) : vers
ion 2.1
    + smtp.mod : Brute force module for SMTP Authentication with TLS : version 2.0
    + snmp.mod : Brute force module for SNMP Community Strings : version 2.1
    + ssh.mod : Brute force module for SSH v2 sessions : version 2.1
    + svn.mod : Brute force module for Subversion sessions : version 2.1
    + telnet.mod : Brute force module for telnet sessions : version 2.0
    + vmauthd.mod : Brute force module for the VMware Authentication Daemon : version 2.0
    + vnc.mod : Brute force module for VNC sessions : version 2.1
    + web-form.mod : Brute force module for web forms : version 2.1
```

图 2-6　Medusa 可爆破种类列表

（3）Hydra

Hydra 是一个自动化的爆破工具，可暴力破解弱密码，已经集成到 Kali Linux 系统中。Hydra 可对多种协议执行字典攻击，包括 RDP、SSH（v1 和 v2）、Telnet、FTP、HTTP、HTTPS、SMB、POP3、LDAP、SQL Server、MySQL、PostgreSQL、SNMP、SOCKS5、Cisco AAA、Cisco auth、VNC 等。它适用于多种平台，包括 Linux、Windows、Cygwin、Solaris、FreeBSD、OpenBSD、macOS 和 QNX/BlackBerry 等。Hydra 命令参数见图 2-7。

图 2-7　Hydra 命令示意图

（4）Hashcat

Hashcat 是一款免费的密码破解工具，号称是基于 CPU 的最快的密码破解工具，适用于 Linux、Windows 和 macOS 平台。Hashcat 支持各种散列算法，包括 LM Hashes、MD4、MD5、SHA 系列、UNIX Crypt 格式、MySQL、Cisco PIX。它支持各种攻击形式，包括暴力破解、组合攻击、字典攻击、指纹攻击、混合攻击、掩码攻击、置换攻击、基于规则的攻击、表查找攻击和 Toggle-Case 攻击（破译示例见图 2-8）。

图 2-8　Hashcat 破译示意图

4. 漏洞利用工具

漏洞利用工具可实现对目标网络中硬件、软件、服务或协议漏洞的自动化应用。根据不同的漏洞类型，漏洞利用工具可以分为许多种，多通过单个Poc & Exp 实现漏洞利用。蓝队会根据新漏洞的不断出现而不停更换漏洞利用工具。以下是最近攻防演练中比较典型的几个。

（1）WebLogic 全版本漏洞利用工具

WebLogic 是基于 Java EE 架构的中间件，被用于开发、集成、部署和管理大型分布式 Web 应用、网络应用和数据库应用的 Java 应用服务器。该漏洞利用工具集成 WebLogic 组件各版本多个漏洞自动化检测和利用功能，可对各版本 WebLogic 漏洞进行自动化检测和利用，根据检测结果进行执行命令等针对性利用并获取服务器控制权限（见图 2-9）。

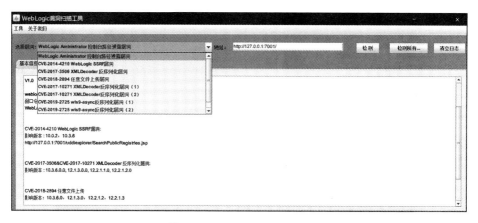

图 2-9　WebLogic 漏洞工具

（2）Struts2 综合漏洞利用工具

Struts2 是一个相当强大的 Java Web 开源框架，在 MVC 设计模式中，Struts2 作为控制器来建立模型与视图的数据交互。Struts2 综合漏洞利用工具集成了 Struts2 漏洞的检测和利用功能，可实现利用 Struts2 漏洞进行任意代码执行和任意文件上传（见图 2-10）。

图 2-10　Struts2 漏洞利用工具

（3）sqlmap 注入工具

sqlmap 是一个自动化的 SQL 注入工具，可用来自动检测和利用 SQL 注入漏洞并接管数据库服务器。它具有强大的检测引擎，集成众多功能，包括数据库指纹识别、从数据库中获取数据、访问底层文件系统以及在操作系统上内连接执行命令，同时内置了很多绕过插件，支持的数据库有 MySQL、Oracle、PostgreSQL、SQL Server、Access、IBM DB2、SQLite、Firebird、Sybase 和SAP MaxDB（见图 2-11）。

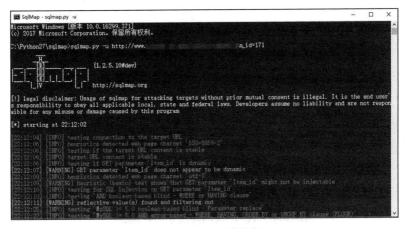

图 2-11　sqlmap 模拟执行

（4）vSphere Client RCE 漏洞（CVE-2021-21972）利用工具

vSphere 是 VMware 推出的虚拟化平台套件，包含 ESXi、vCenter Server 等

一系列的软件，其中 vCenter Server 为 ESXi 的控制中心，可从单一控制点统一管理数据中心的所有 vSphere 主机和虚拟机。vSphere Client（HTML5）在 vCenter Server 插件中存在一个远程执行代码漏洞。蓝队可以通过开放 443 端口的服务器向 vCenter Server 发送精心构造的请求，写入 Webshell，控制服务器（见图 2-12）。

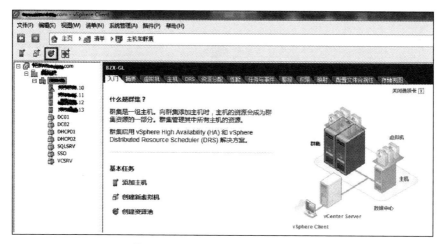

图 2-12　vCenter Server 管理界面

（5）Windows Print Spooler 权限提升漏洞（CVE-2021-1675）

Windows Print Spooler 是 Windows 系统中用于管理打印相关事务的服务。在域环境中合适的条件下，无须进行任何用户交互，未经身份验证的远程攻击者就可以利用 CVE-2021-1675 漏洞以 system 权限在域控制器上执行任意代码，从而获得整个域的控制权。

（6）Exchange Server 漏洞组合利用（CVE-2021-26855 & CVE-2021-27065）

Exchange Server 是微软公司的一套电子邮件服务组件，是个消息与协作系统。CVE-2021-26855 是一个 SSRF（服务器端请求伪造）漏洞，蓝队可以利用该漏洞绕过身份验证发送任意 HTTP 请求。CVE-2021-27065 是一个任意文件写入漏洞，单独情况下利用该漏洞需要进行身份认证。此漏洞还伴生着一个目录跨越漏洞，蓝队可以利用该漏洞将文件写入服务器的任何路径。两个漏洞相结合可以达到绕过权限直接获取反弹执行命令权限。

5. 远程控制工具

蓝队主要利用远程控制工具对目标网络内服务器、个人计算机或安全设备进行管理控制。借助于一些好的远程控制工具，蓝队可以跨不同系统平台进行兼容操作，实现高效拓展。

（1）Xshell

Xshell 是一款强大的安全终端模拟软件，支持 SSH1、SSH2 以及 Windows 平台的 TELNET 协议。Xshell 可以用来在 Windows 界面下访问远端不同系统下的服务器，从而比较好地达到远程控制终端的目的（见图 2-13）。

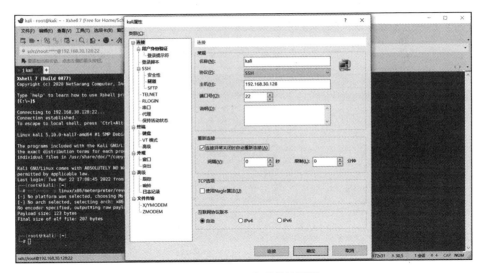

图 2-13　Xshell 远程连接界面

（2）SecureCRT

SecureCRT 是一款终端仿真程序，支持 Windows 下远程登录 Unix 或 Linux 服务器主机。SecureCRT 支持 SSH，同时支持 Telnet 和 rlogin 协议，是一款用于连接运行 Windows、Unix 和 VMS 的远程系统的理想工具（见图 2-14）。

（3）PuTTY

PuTTY 是一个串行接口连接软件，可用于远程登录控制功能，支持对

Windows 平台、各类 Unix 平台 SSH、Telnet、Serial 等协议的连接（见图 2-15）。

图 2-14　SecureCRT 初始连接界面

图 2-15　PuTTY 连接配置截图

（4）Navicat

Navicat 是一款数据库管理工具，可用来方便地管理 MySQL、Oracle、PostgreSQL、SQLite、SQL Server、MariaDB 和 MongoDB 等不同类型的数据库，并与 Amazon RDS、Amazon Aurora、Oracle Cloud、Microsoft Azure、阿里云、

腾讯云和华为云等云数据库管理兼容，支持同时创建多个连接、无缝数据迁移、
SQL 编辑、数据库设计和高级安全连接等功能（见图 2-16）。

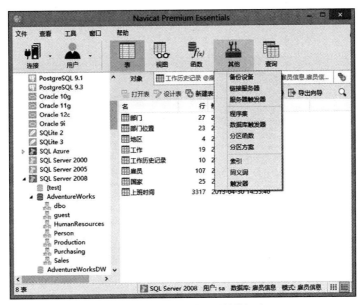

图 2-16　Navicat 管理维护数据库

6.Webshell 管理工具

蓝队主要利用 Webshell 管理工具对攻击载荷进行管理和运用，借助 Webshell
规避免杀、远程注入和跨网间隐蔽通信等技术实现对目标系统的渗透拓展。

（1）冰蝎

冰蝎（Behinder）是一个动态二进制加密网站管理客户端，基于 Java，可
以跨平台使用，因其优秀的跨平台兼容性和加密传输特性而被攻击者广泛采用。
冰蝎集成了命令执行、虚拟终端、文件管理、SOCKS 代理、反弹 shell、数据
库管理、自定义代码、Java 内存马注入、支持多种 Web 容器、反向 DMZ 等功
能（见图 2-17）。

（2）中国蚁剑

中国蚁剑（AntSword）是一款开源的跨平台网站管理工具，也是一款非常

优秀的 Webshell 管理工具。它集成了 shell 代理、shell 管理、文件管理、虚拟
终端和数据库管理功能，通过自定义编码器支持攻击载荷加密或编码免杀实现
WAF、防火墙等一些防御手段规避绕过，通过丰富的插件库支持自定义载荷实
现静态、动态免杀，进而实现 Webshell 高效渗透利用（见图 2-18）。

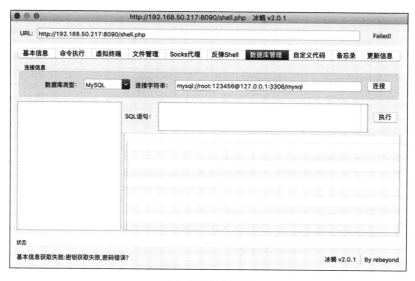

图 2-17　冰蝎界面

图 2-18　利用中国蚁剑连接初始化

（3）哥斯拉

哥斯拉（Godzilla）是一款相对较新的 Webshell 管理工具，它基于 Java 开发，具有较强的各类 shell 静态查杀规避和流量加密 WAF 绕过优势，且自带众多拓展插件，支持对载荷进行 AES 等各种加密、自定义 HTTP 头、内存 shell 以及丰富的 Webshell 功能（见图 2-19）。

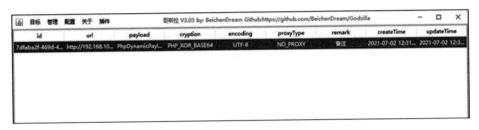

图 2-19　哥斯拉远程管理

7. 内网穿透工具

出于业务安全需要，目标网络内部应用多无法直接出网。蓝队在攻击过程中需要利用内网穿透工具实现外网到内网的跨边界跳转访问，借助端口转发、隧道技术等手段对内网目标实现转发访问或将目标内网 IP 映射到外网，并在远控客户端和被攻击目标终端之间建立一个安全通信通道，为进一步从外到内渗透拓展提供便利。

（1）FRP

FRP 是一个可用于内网穿透的高性能反向代理工具，支持 TCP、UDP、HTTP、HTTPS 等协议类型，主要利用处于内网或防火墙后的机器，对外网环境提供 HTTP 或 HTTPS 服务，支持加密传输和点对点穿透（见图 2-20）。

（2）ngrok

ngrok 是一个开源的反向代理工具。蓝队可利用 ngrok 将边界服务器（如 Web 服务器）作为反向代理服务器，在客户端和目标边界服务器之间建立一个安全通道，客户端可通过反向代理服务器间接访问后端不同服务器上的资源（见图 2-21）。

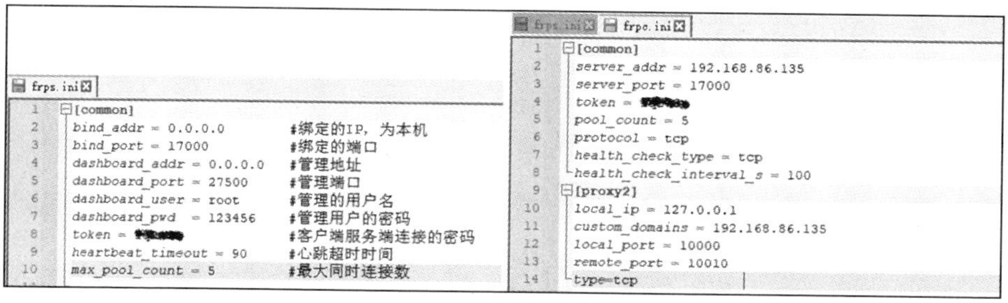

图 2-20 FRP 服务端和客户端配置文件

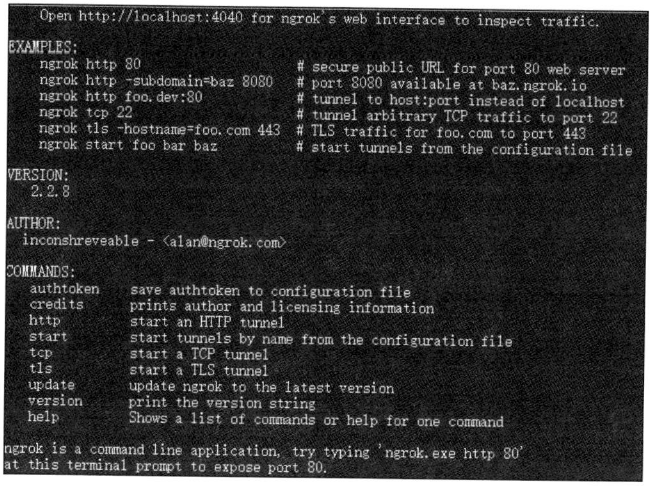

图 2-21 ngrok 用法示例

（3）reGeorg

reGeorg 是一款利用 Web 进行代理的工具，可用于在目标服务器在内网或做了端口策略的情况下连接目标服务器内部开放端口，利用 Webshell 建立一个 SOCKS 代理进行内网穿透，将内网服务器的端口通过 HTTP/HTTPS 隧道转发到本机，形成通信回路（见图 2-22）。

（4）SSH

Secure Shell（SSH）是专为远程登录会话和其他网络服务提供安全性的协议，支持 SOCKS 代理和端口转发。SSH 的端口转发就是利用 SSH 作为中间代理，绕过两个网络之间的限制，顺利进行任意端口的访问。SSH 适用于多种平台，Linux 系统环境下自带该工具，Windows 环境下需要借助 SecureCRT 或 Putty 等工具实现 SSH 访问操作。

图 2-22　reGeorg 模拟扫描

（5）Netsh

Netsh（Network Shell）是 Windows 系统自带的网络配置命令行脚本工具，可用来通过修改本地或远程网络配置实现端口转发功能，支持配置从 IPv4 或 IPv6 端口转发代理，或者 IPv4 与 IPv6 的双向端口转发代理。

8. 网络抓包分析工具

网络抓包分析工具是拦截并查看网络数据包内容的软件工具，可对通信过程中的网络数据的所有 IP 报文进行捕获并逐层拆包分析，从中提取有用信息。借助网络抓包分析工具，蓝队可进行目标网络通联分析、攻击工具通信分析和安全通信认证信息截获等操作。

（1）Wireshark

Wireshark 是一款非常常用的网络抓包分析软件，提供抓取网络封包、显示封包资料、检测网络通信数据、查看网络通信数据包中的详细内容等非常实用的功能，更强大的功能有包含强显示过滤器语言和查看 TCP 会话重构流的能力，支持上百种协议和媒体类型，实时检测通信数据，检测其抓取的通信数据快照文件等（见图 2-23）。

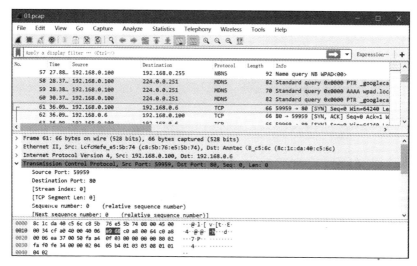

图 2-23　Wireshark 数据抓包示例

（2）Fiddler

Fiddler 是一个非常好用的 HTTP 调试抓包工具，该数据抓包工具能记录所有客户端与服务器的 HTTP 和 HTTPS 请求，允许用户监视，设置断点，对通过网络传输发送与接收的数据包进行截获、重发、编辑、转存等操作，用其检测与调试 Web 浏览器和服务器的交互情况（见图 2-24）。

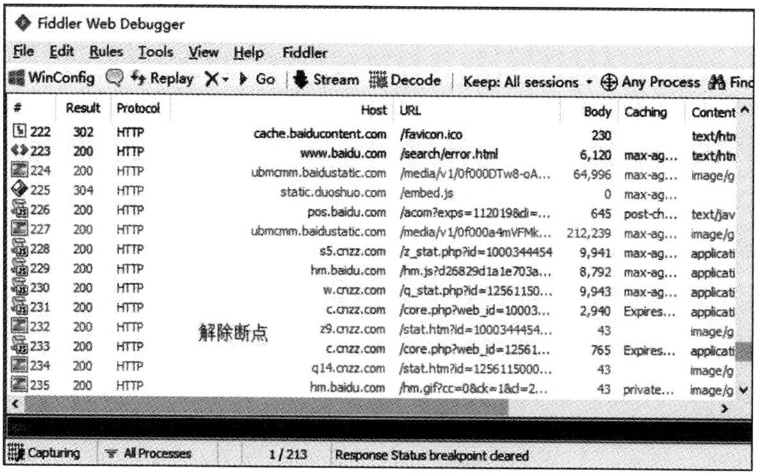

图 2-24　Fiddler 网络数据调试

（3）tcpdump

tcpdump 是 Linux 平台下一款非常知名、非常强大的网络抓包分析工具，它可以将网络中传送的数据包完全截获下来提供分析。不仅支持针对网络层、协议、主机、网络或端口的过滤，还支持功能强大和灵活的截取策略，实现对网络数据的筛选和分组输出（见图 2-25）。

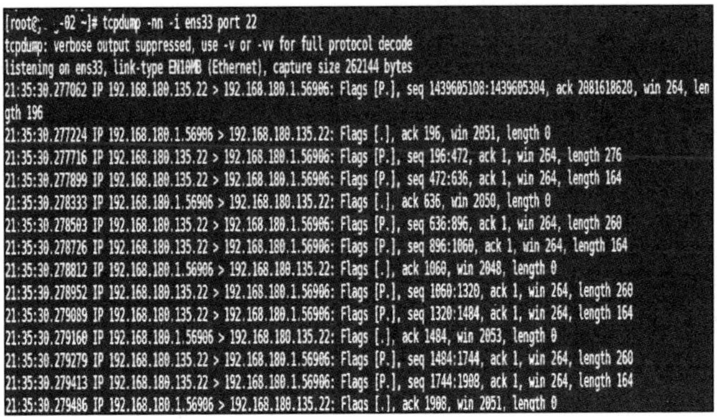

```
[root@; _-02 ~]# tcpdump -nn -i ens33 port 22
tcpdump: verbose output suppressed, use -v or -vv for full protocol decode
listening on ens33, link-type EN10MB (Ethernet), capture size 262144 bytes
21:35:30.277062 IP 192.168.180.135.22 > 192.168.180.1.56906: Flags [P.], seq 1439605108:1439605304, ack 2081618620, win 264, len
gth 196
21:35:30.277224 IP 192.168.180.1.56906 > 192.168.180.135.22: Flags [.], ack 196, win 2051, length 0
21:35:30.277716 IP 192.168.180.135.22 > 192.168.180.1.56906: Flags [P.], seq 196:472, ack 1, win 264, length 276
21:35:30.277899 IP 192.168.180.135.22 > 192.168.180.1.56906: Flags [P.], seq 472:636, ack 1, win 264, length 164
21:35:30.278333 IP 192.168.180.1.56906 > 192.168.180.135.22: Flags [.], ack 636, win 2050, length 0
21:35:30.278503 IP 192.168.180.135.22 > 192.168.180.1.56906: Flags [P.], seq 636:896, ack 1, win 264, length 260
21:35:30.278726 IP 192.168.180.135.22 > 192.168.180.1.56906: Flags [P.], seq 896:1060, ack 1, win 264, length 164
21:35:30.278812 IP 192.168.180.1.56906 > 192.168.180.135.22: Flags [.], ack 1060, win 2048, length 0
21:35:30.278952 IP 192.168.180.135.22 > 192.168.180.1.56906: Flags [P.], seq 1060:1320, ack 1, win 264, length 260
21:35:30.279089 IP 192.168.180.135.22 > 192.168.180.1.56906: Flags [P.], seq 1320:1484, ack 1, win 264, length 164
21:35:30.279160 IP 192.168.180.1.56906 > 192.168.180.135.22: Flags [.], ack 1484, win 2053, length 0
21:35:30.279279 IP 192.168.180.135.22 > 192.168.180.1.56906: Flags [P.], seq 1484:1744, ack 1, win 264, length 260
21:35:30.279413 IP 192.168.180.135.22 > 192.168.180.1.56906: Flags [P.], seq 1744:1908, ack 1, win 264, length 164
21:35:30.279486 IP 192.168.180.1.56906 > 192.168.180.135.22: Flags [.], ack 1908, win 2051, length 0
```

图 2-25　tcpdump 抓包示例

9. 开源集成工具平台

（1）Linux 集成环境（Kali）

Kali 是基于 Debian 的 Linux 免费发行版，预装了许多渗透测试软件，集成了包括 Metasploit 在内的超过 300 个渗透测试工具。

（2）Windows 集成环境（Commando VM）

Commando VM 是基于 Windows 的高度可定制的渗透测试虚拟机环境，集成了超过 140 个开源 Windows 工具，包含一系列常用的工具，比如 Python 和 Go 编程语言，Nmap 和 Wireshark 网络扫描器，Burp Suite 之类的网络安全测试框架，以及 Sysinternals、Mimikatz 等 Windows 安全工具。

（3）Cobalt Strike

Cobalt Strike 是一款由美国 Red Team 开发的渗透测试神器，常被业界人士称为 CS。CS 采用 Metasploit 为基础的渗透测试 GUI 框架，支持多种协议上线方式，集成了 Socket 代理、端口转发、Office 攻击、文件捆绑、钓鱼、提权、凭证导出、服务扫描、自动化溢出、多模式端口监听、exe 和 PowerShell 木马生成等功能。

（4）Burp Suite

Burp Suite 是用于攻击 Web 应用程序的集成平台，包含许多工具，集成了 Web 访问代理、Web 数据拦截与修改、网络爬虫、枚举探测、数据编解码等一系列功能。Burp Suite 为这些工具设计了许多接口，可以加快攻击应用程序的部署与调用。

2.1.2 专业技能储备

专业技能是蓝队快速应对攻击任务中各种情况、解决各种困难问题、顺利推进任务的保障。蓝队的专业技能储备涉及漏洞、工具、战法策略等多方面，主要有以下 4 种。

1. 工具开发技能

"工欲善其事，必先利其器。"对于蓝队来说也一样，好的攻击工具往往能起到事半功倍的效果。通过公开手段常常能搜集到好用的开源工具，但公开特征太过明显，往往容易被防守方态势感知系统和防火墙发现并拦截，从而极大地影响工作效率，因此需要借助自主开发或开源工具改版来开展工作。熟练的工具开发技能，可以让蓝队通过借鉴他人的高效思路，快速实现新的工具开发或对原有工具软件架构和模块功能的针对性改进，为攻击工作提供有力的工具保障。

2. 漏洞挖掘技能

漏洞挖掘技能是利用动态或静态调试方法，通过白盒或黑盒代码审计，对程序代码流程和数据流程进行深入分析与调试，分析各类应用、系统所包含的编程语言、系统内部设计、设计模式、协议、框架的缺陷，并利用此类缺陷执行一些额外的恶意代码实现攻击破坏的能力。对于蓝队来说，漏洞是大杀器，往往能起到一招毙命的效果。前期的漏洞准备对于外网打开突破口和内网横向拓展都非常重要，但公开的漏洞往往由于时效问题作用有限，而自主挖掘的0day 却总能作为秘密武器出奇制胜，同时漏洞贡献能力是蓝队在实战攻防演练中的一个重要的得分项。因此，蓝队需要有足够多的漏洞挖掘技能储备，尤其是与蓝队攻击密切相关的互联网边界应用、网络设备、办公应用、移动办公、运维系统、集权管控等方面的漏洞挖掘技能。

3. 代码调试技能

代码调试技能是对各类系统、应用、平台或工具的代码进行的分析、解读、调试与审计等一系列技术能力。蓝队攻击中情况千变万化，面对的系统、应用、平台或工具各式各样，很少能用一成不变的模式应对所有情况，这就需要通过代码调试技能快速分析研判并寻找解决方法。只有具备良好的代码调试能力，蓝队才能快速应对各种情况，比如：针对攻击过程中获取的一些程序源码，需要运用代码调试技能对其进行解读和代码审计，以快速发现程序 bug 并利用；漏洞挖掘过程中，需要对某些未知程序和软件的逆向分析与白盒 / 黑盒代码审计能力；注入攻击过程中，对于一些注入异常，需要对注入代码进行解析和调试，通过代码变形转换实现规避；蓝队使用的渗透工具经常会被杀毒软件拦截或查杀，这时需要运用代码调试技能快速定位查杀点或特征行为，实现快速免杀应对；等等。

4. 侦破拓展技能

侦破拓展技能是在渗透攻击过程中对渗透工具使用、关键节点研判、渗透技巧把握、战法策略运用等一系列技能的综合体现。实战攻防演练存在时间短、任务紧的特点，因此对蓝队在侦破拓展技能方面就有比较高的要求。侦破拓展技能是建立在蓝队丰富的实战经验积累上的，是经验向效率转换的直接体现。蓝队良好侦破拓展技能主要表现在三方面：一是对攻防一体理念的深刻理解，作为攻击者，可以从防守者的角度思考问题，能快速定位防守弱点和突破口；二是对目标网络和系统的正确认识，能根据不同攻击目标快速确定攻击策略和战法，针对性开展攻击工作；三是对渗透工具的高效运用，能快速根据攻击策略实现对各类工具的部署应用，能够快速将攻击思路转化为实践，高效开展攻击工作。

2.1.3 人才队伍储备

蓝队不可能是一个人，而是一支由各类网络安全专长人才组成的综合技能队伍。因为网络安全建设涵盖了软件应用、硬件部署、网络架构和数据安全等多方面，所以开展网络攻击的人也必须具备包括代码调试、逆向工程、系统攻击和数据分析在内的许多专业技术知识，而一个人不可能同时专精于所有这些专业技术知识。蓝队攻击队伍需要各类专长人才进行搭配组合，团队人员包括拥有情报搜集、渗透拓展、工具开发、漏洞挖掘与免杀等各类特长的人员。人才队伍是各项技能的载体，有了充足而全面的人才队伍储备，蓝队就可以从容应对攻击任务中的各类情况，有效解决各类专业问题。各类专长人才的科学组合是一支蓝队队伍高水平的体现（见图 2-26）。

图 2-26 综合团队是蓝队高效运转的基础

2.2 目标网情搜集

2.2.1 何为网情搜集

网情搜集是指围绕攻击目标系统的网络架构、IT 资产、敏感信息、组织管理与供应商等方面进行的情报搜集。网情搜集是为蓝队攻击的具体实施做情报准备，是蓝队攻击工作的基础，目的在于帮助蓝队在攻击过程中快速定位薄弱点和采取正确的攻击路径，并为后两个阶段的工作提供针对性的建议，从而提高蓝队攻击工作效率和渗透成功率。比如：掌握了目标企业的相关人员信息和组织架构，就可以快速定位关键人物以便实施鱼叉攻击，或者确定内网横纵向渗透路径；而收集了 IT 资产信息，就可以为漏洞发现和利用提供数据支撑；掌握企业与供应商合作的相关信息，可为有针对性地开展供应链攻击提供素材。而究竟是要社工钓鱼，还是直接利用漏洞攻击，抑或从供应链下手，一般取决于安全防护的薄弱环节究竟在哪里，以及蓝队对攻击路径的选择（见图 2-27）。

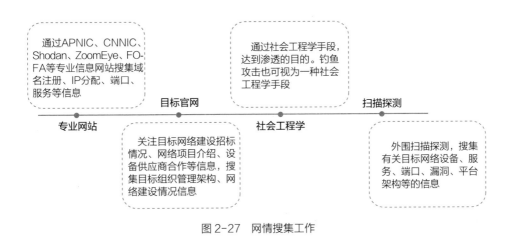

图 2-27　网情搜集工作

2.2.2　网情搜集的主要工作

网情搜集的内容主要包括目标系统的组织架构、IT 资产、敏感信息、供应商信息等方面：

- ❑ 组织架构包括单位部门划分、人员信息、工作职能、下属单位等；
- ❑ IT 资产包括域名、IP、C 段、开放端口、运行服务、Web 中间件、Web 应用、移动应用、网络架构等；
- ❑ 敏感信息包括代码信息、文档信息、邮箱信息、历史漏洞信息等；
- ❑ 供应商信息包括合同、系统、软件、硬件、代码、服务、人员等的相关信息。

2.2.3 网情搜集的途径

1.专业网站

（1）专业网络信息网站

通过专业网络信息网站搜集目标的 IP 范围、域名、互联网侧开放服务端口、设备指纹与网络管理等相关信息。下面介绍几个比较典型的网络信息查询网站。

1）Shodan（https://www.shodan.io）。Shodan 是互联网上著名的搜索引擎，百度百科里这样描述："Shodan 可以说是一款'黑暗'谷歌，一刻不停地在寻找着所有和互联网关联的服务器、摄像头、打印机、路由器等。"Shodan 爬取的是互联网上所有设备的 IP 地址及其端口号，其官网提供了强大的搜索功能，可通过 IP、域名、设备进行条件搜索，获取大量有价值的网络信息。

2）Censys（https://censys.io）。Censys 也是一款用以搜索联网设备信息的新型搜索引擎，其功能与 Shodan 十分相似。与 Shodan 相比，其优势在于它是一款由谷歌提供支持的免费搜索引擎。Censys 搜索引擎能够扫描整个互联网，蓝队常将它作为前期侦查攻击目标、搜集目标信息的利器。

3）ZoomEye（https://www.zoomeye.org）。中文名字"钟馗之眼"，是国内一款类似于 Shodan 的搜索引擎。ZoomEye 官网提供了两部分数据资源搜索：网站组件指纹，包括操作系统、Web 服务、服务端语言、Web 开发框架、Web 应用、前端库及第三方组件等；终端设备指纹，主要对 NMAP 大规模扫描结果进行整合。

4）FOFA（https://fofa.so）。FOFA（网络空间资产检索系统）也是一款网络设备搜索引擎，号称拥有更全的全球联网 IT 设备的 DNA 信息，数据覆盖更完整。通过其官网可搜索全球互联网的资产信息，进行资产及漏洞影响范围分析、应用分布统计、应用流行度态势感知等。

5）APNIC（https://www.apnic.net）。APNIC 提供全球性的支持互联网操作的分派和注册服务。通过其官网可对公共 APNIC Whois 数据库进行查询，获取目标网络 IP 地址、域名网络服务提供商、国家互联网登记等相关信息。

6）CNNIC（http://www.cnnic.net.cn）。CNNIC 负责国家网络基础资源的相

关信息维护管理，可提供 Whois 相关查询服务。

（2）专业开发资源网站

此类网站提供系统开发资源支持，大量开发人员常在此类网站上使用 Git 或 SVN 进行版本控制。如果有目标系统应用源码被不小心公布在此类网站，常常会导致非常严重的信息泄露。此类网站是蓝队攻击利用的重要途径之一。

1）https://github.com。GitHub 是世界上最大的代码托管平台，目前有超过 5000 万开发者在使用。GitHub 社区是一个致力于分享和传播 GitHub 上优质开源项目的社区平台，用户可从中获取大量开发部署资源。蓝队可以利用该平台搜索目标系统的一些开发信息。

2）https://gitee.com。Gitee 是国内厂商推出的基于 Git 的代码托管服务，和 GitHub 一样提供开源资源搜索支持，但资源相对较少。

3）https://www.lingfengyun.com/。凌风云是国内专业团队在大数据、云计算的基础上精心研发的新一代互联网平台，具备专业的免费资源垂直搜索引擎功能，可搜索百度网盘、新浪微盘、天翼云盘、腾讯微盘等多个网盘中公开分享的资源，支持关键词检索和大量数据库查询。

2. 目标官网

目标官网经常会发布一些有关网络建设的新闻消息，这些信息也是蓝队在进行网情搜集时需要的重要信息。在官网上可主要围绕目标组织管理架构、网络建设情况进行信息搜集，可通过关注目标网络建设招标情况、网络项目介绍、设备供应商合作等搜集有价值的信息。

3. 社会工程学

社会工程学手段主要从目标系统内部人员入手，通过拉拢、收买等手段间接获取目标系统相关的情况信息来开展网情搜集，常用的手段主要有熟人打听、买通内部人员、与客服沟通来套取和打探等。

4. 扫描探测

扫描探测主要是借助扫描工具，对目标网络设备指纹、系统版本、平台架构、开放服务端口进行扫描，以发掘可能存在的漏洞信息。扫描探测主要完成以下几方面的信息搜集。

1）地址扫描探测。主要利用 ARP、ICMP 请求目标 IP 或网段，通过回应消息获取目标网段中存活机器的 IP 地址和 MAC 地址，进而掌握拓扑结构。

2）端口扫描探测。端口扫描是扫描行为中用得最多的，可以快速获取目标机器开启端口和服务的情况。

3）设备指纹探测。根据扫描返回的数据包匹配 TCP/IP 协议栈指纹来识别不同的操作系统和设备。

4）漏洞扫描。通过扫描等手段对指定的远程或本地计算机系统的安全脆弱性进行检测，发现可利用的漏洞。漏洞扫描可细分为网络漏扫、主机漏扫、数据库漏扫等不同种类。

2.3 外网纵向突破

2.3.1 何为外网纵向突破

如果将目标网络比作一座城池，那么蓝队就是攻城者，而外网纵向突破就好比在城墙上打开突破口进入城内。蓝队在对一个目标网络实施攻击时，首先就是寻找目标系统互联网侧薄弱点，然后利用这些薄弱点突破外网，进入目标网络内网。这个由外网突破、进入内网的过程一般称为"纵向突破"。外部纵向突破的重点是寻找突破口，主要就是依据网情搜集阶段获取的相关信息进行针对性测试，直至利用不同的纵向突破手段打开突破口。

2.3.2 外网纵向突破的主要工作

在外网纵向突破阶段，蓝队的主要工作就是围绕目标网络突破口开展渗透测试，通过获取必要的安全认证信息或漏洞利用获取控制权限。因为一般网络对外开放的接口非常有限，能从外部接触到的只有 Web 网站、外部邮件系统、边界网络设备、外部应用平台，所以外网纵向突破工作的重点也在这些接口上（见图 2-28）。

图 2-28　外网主要突破口

2.3.3　外网纵向突破的途径

蓝队在外部纵向突破中主要采用两种途径：一种是利用各种手段获取目标网络的一些敏感信息，如登录口令、安全认证或网络安全配置等；另一种就是通过漏洞利用，实现对目标网络外部接口如 Web 网站、外部邮件系统、边界网络设备和外部应用平台的突破。目标网络在互联网侧对外暴露面非常有限，蓝队纵向突破口也是以这些目标对外暴露面为切入点展开攻击。蓝队能够利用的突破口主要有以下几种。

1. Web 网站

主要针对门户官网、网上办公、信息平台等 Web 入口进行突破，通过 Web 入口存在的安全缺陷控制 Web 后台服务器，并进一步向内网渗透。突破方式以漏洞利用为主，包括 SQL 注入、跨站脚本攻击、未加密登录请求、弱口令、目录遍历、敏感文件泄露与文件上传漏洞等。另外，存在较多漏洞的是一些 Web 平台组件，比如 WebLogic、WebSphere、Tomcat、Apache、Nginx、IIS 和 Web 脚本平台等。最近被利用得比较多的反序列化漏洞就主要是 Web 平台组件导致的。

2.外部邮件系统

主要针对目标网络外部邮件系统进行突破，目标是控制外部邮件系统后台服务器，并以此为跳板向目标网络内网渗透。突破方式有利用邮件系统安全认证缺陷、利用邮件系统组件漏洞、口令暴力破解、系统撞库、网络数据监听与社工等手段。

3.边界网络设备

主要针对暴露在外网的防火墙、边界网关和路由进行突破，目标是控制这些边界设备，并进一步利用它们的通联优势向内网渗透。主要方式是利用这些互联网接口防火墙、边界网关和路由支持开放的 HTTP、HTTPS、Telnet、FTP、SSH 与网络代理服务，通过远程溢出、远程执行漏洞、安全规则配置不当、口令猜破与社工手段，对一些开放的重要服务和端口进行渗透。比较典型的例子有 VPN 网关仿冒接入突破。

4.外部应用平台

主要针对外部应用平台，比如业务系统、OA、报表系统、微信公众号平台、大数据平台等，利用其基础构件、网络代理组件、应用后台数据库或平台应用程序本身的设计缺陷进行突破。云平台的渗透和常规的渗透是没有任何区别的：从技术角度来讲，云平台只是多了一些虚拟化技术应用，本质与传统网络一样，虚拟资产信息也大多可以通过扫描探测被发现；云平台也会存在常规的安全漏洞，如 SQL 注入、弱口令、未授权操作、命令执行、文件上传、敏感信息泄露等。

2.4　内网横向拓展

2.4.1　何为内网横向拓展

横向拓展，通常是指攻击者攻破某台内网终端或主机设备后，以此为基础，对相同网络环境中的其他设备发起的攻击活动；但也常常被用来泛指攻击者进入内网后的各种攻击活动。不同于外网纵向突破阶段由外到内的渗透过程，蓝队的内网横向拓展主要是指在突破进入目标网络内网以后，在内网主机、系统应用、服务器和网络设备等网络资产之间的跳转、控制、渗透过程（见图 2-29）。

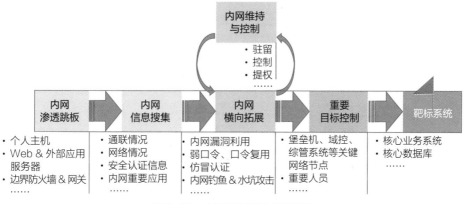

图 2-29　内网横向拓展主要流程

2.4.2　内网横向拓展的主要工作

蓝队在内网横向拓展阶段的主要工作就是围绕靶标等内网核心目标，在内网快速横向渗透拓展，实现控制权限最大化，最终达到攻击目标。进入目标内网后，蓝队才真正有机会接触到目标网络核心的东西。实现在内网快速拓展、定位控制内网重要目标是一项细致、烦琐的工作，主要工作包含以下几方面。

1. 内网信息搜集

蓝队在内网横向拓展的效率取决于其对目标内部网络的熟悉程度，而对目标内部网络整体架构、VLAN 划分、部门间网络隔离、关键网络节点部署和重要部门或人员网络内精确定位等信息的掌握则是内网快速横向拓展的关键。因此，蓝队在内网横向拓展阶段需要尽可能多地搜集有关内网网络部署、关键网络节点、核心业务目标的信息，实现对内网信息最大限度的了解，为内网进一步拓展提供情报支持。内网信息搜集的重点主要有以下几方面：

❑ 内网存活的 IP 以及存活 IP 开放的端口和服务；

❑ 主机和服务器性质，判断设备所在区域是 DMZ 区、办公区还是服务器区，作用是文件服务器、Web 服务器、代理服务器、DNS 服务器、邮件服务器、病毒服务器、日志服务器、数据库服务器等之中的哪一个；

❑ 内网的网络拓扑、VLAN 划分、各网络节点和网段间的连通性；

❑ 内网通用的杀毒软件、防火墙、终端操作系统、OA 办公软件、即时通信软件或其他应用系统。

目标网情搜集中有关目标组织架构、网络建设、设备部署以及网络管理部门与关键管理人员的信息都会在内网拓展中起到相应的作用。

2. 重要目标定位

蓝队在内网横向拓展过程中对重要目标进行快速定位有两个好处：一是这些内网重要目标大多有网络部署、安全认证、核心业务等的重要信息，获取这些重要信息将对内网横向拓展具有极大帮助；二是这些重要目标多具有非常好的内网通联性，借助其内网通联优势，可快速在目标内网实现横向拓展。这些内网重要目标包含内网关键服务器和内网重要主机。

❑ 内网关键服务器：内网 UTM、云管平台、文件服务器、邮件服务器、病毒服务器、堡垒机、域控服务器、综管平台或核心网关。

❑ 内网重要主机：核心业务部门主机、网络管理员主机、部门领导主机。

3. 内网渗透拓展

不同于外网纵向突破侧重于薄弱点的寻找和利用，蓝队内网渗透拓展的重点是安全认证信息和控制权限的获取。在内网渗透拓展过程中，蓝队会利用各种渗透手段，对内网邮件服务器、OA 系统、堡垒机、域控服务器、综管平台、统一认证系统、核心网关路由和重要主机等各类重要目标进行渗透控制，尝试突破核心系统权限、控制核心业务、获取核心数据，最终实现对攻防演练靶标的控制。因为目标网络内外网安全防护的不同，攻击过程的实现手段各有侧重。内网渗透拓展的主要实现手段有内网漏洞利用、口令复用或弱口令、仿冒认证登录、内网水坑钓鱼等。

4. 内网控制维持

蓝队在攻击的过程中经常会面临目标网络安全防护、内外网隔离以及目标人员工作开机时间等各种条件的限制，为保证攻击的顺利进行，蓝队需要根据这些条件限制从内网控制维持方面采取措施进行应对，主要工作包括渗透工具存活、隐蔽通信、隧道技术出网和控制驻留四方面。

- ❑ 针对内网杀毒软件可能导致的渗透工具被查杀的情况，对渗透工具针对性地进行免杀修改或利用白名单机制进行规避。
- ❑ 针对目标网络安全防护对异常流量、危险动作的监控可能导致蓝队攻击被拦截的情况，采用通信数据加密、合法进程注入等隐蔽通信进行隐藏。
- ❑ 针对内外网隔离，内网不能直接出网的情况，采用端口映射或隧道技术进行网络代理穿透。
- ❑ 针对目标主机或设备工作时间开机限制导致无法持续的情况，采用对蓝队远控工具进行控制驻留维持的措施，主要通过注册表、服务、系统计划任务、常用软件捆绑替代实现自启动驻留。

5. 内网提权

蓝队在攻击过程中，通过渗透拓展获取的应用系统、服务器、个人终端主机等目标的控制权限不一定是最大的，可能只是普通应用或用户权限，后续的一些攻击动作常常会因为权限不足而受到限制或无法开展，这就需要通过提权操作来将初步获取的普通权限提升到较高权限，以方便进行下一步的操作。用到的提权操作主要有以下四类。

1）系统账户提权。主要是将操作系统普通账户权限提升为管理员权限，主要通过一些系统提权漏洞实现，比如比较新的 Windows 系统的本地提权漏洞（CVE-2021-1732）和 Linux 系统的 sudo 提权漏洞（CVE-2021-3156）。

2）数据库提权。主要是通过获取的数据库管理权限，进一步操作本地配置文件写入或执行命令来获取本地服务器权限。

3）Web Server 应用提权。主要是通过获取的 Web 应用管理权限，利用 Web 应用可能存在的缺陷来执行一些系统命令，达到获取本地服务器系统控制权限的目的。

4）虚拟机逃逸。虚拟机逃逸是指通过虚拟应用权限获取宿主物理机控制权限，主要通过虚拟机软件或者虚拟机中运行的软件的漏洞利用，达到攻击或控制虚拟机宿主操作系统的目的。随着虚拟化应用越来越普遍，通过虚拟机逃逸来实现提权的情况会越来越多。

2.4.3　内网横向拓展的途径

大多数内网存在 VLAN 跨网段隔离不严、共享服务器管理或访问权限分配混乱、内部数据或应用系统开放服务或端口较多、内网防火墙或网关设备固件版本陈旧、终端设备系统补丁更新不及时等问题，导致内部网络防守比较薄弱，所以蓝队在内网横向拓展中采取的手段会更加丰富多样。同时，因为内网具有通联性优势，所以内网横向拓展工作主要围绕通联安全认证的获取与运用开展，主要途径有以下几种。

1. 内网漏洞利用

内网漏洞利用是内网横向拓展最主要的途径。进入目标内网后，蓝队能接触到目标网络内部更多的应用和设备，这些内网目标存在比外网多得多的漏洞，漏洞类型也是各式各样。

内网漏洞往往具有三个特点：一是内网漏洞以历史漏洞为主，因为内网多受到业务安全限制，无法直接访问互联网，各类应用和设备漏洞补丁很难及时更新；二是漏洞利用容易，内网通联性好，端口服务开放较多，安全策略限制也很少，这些都为内网漏洞利用提供了极大的便利；三是内网漏洞多具有通用性，因为目标网络多有行业特色，内网部署的业务应用、系统平台多基于同一平台或基础架构实现，容易导致同一漏洞通杀各部门或分节点的情况。

上述特点导致内网漏洞利用难度很小，杀伤力极大，因此内网拓展中的漏洞利用成功率非常高，造成的危害往往也非常严重，尤其是内网中的综管平台、堡垒机、OA 系统、内网邮件服务器等重要网络节点若是存在漏洞，往往会导致整个网络被一锅端。比如：历年实战攻防演练中，经常被利用的通用产品漏洞就包括邮件系统漏洞、OA 系统漏洞、中间件软件漏洞、数据库漏洞等，这些漏洞被利用后，攻击队可以快速获取大量内网账户权限，进而控制整个目标系统（见图 2-30）。

2. 口令复用或弱口令

口令复用或弱口令是内网横向拓展中仅次于内网漏洞利用的有效途径。受

"处于内网中被保护"的心理影响，一般目标内网中口令复用和弱口令情况普遍存在。口令复用的原因主要有两个：一是内网多由少数几个固定的人维护，运维人员出于省事的目的，喜欢一个口令通用到底；二是内网经常需要部署大量同样类型的服务器或应用，多直接通过克隆实现，但在克隆部署完毕后也不对初始密码等关键信息进行修改。弱口令则是内网安全防护意识不足导致的，使用者以为在内网一切都可以安枕无忧，没有认识到内网安全和外网安全具有同等的重要性。

漏洞名称	Microsoft Windows SMBv3服务远程代码执行漏洞				
威胁类型	远程代码执行	威胁等级	严重	漏洞ID	CVE-2020-0796
利用场景	攻击者可以通过发送特殊构造的数据包触发漏洞，不需要用户验证就可能导致控制目标系统，同时影响服务器与客户端系统。				
受影响系统及应用版本					
Windows 10 Version 1903 for 32-bit Systems					
Windows 10 Version 1903 for ARM64-based Systems					
Windows 10 Version 1903 for x64-based Systems					
Windows 10 Version 1909 for 32-bit Systems					
Windows 10 Version 1909 for ARM64-based Systems					
Windows 10 Version 1909 for x64-based Systems					
Windows Server, version 1903 (Server Core installation)					
Windows Server, version 1909 (Server Core installation)					

图 2-30 SMB 漏洞是内网重要拓展手段

口令复用或弱口令极易导致内网弱认证，另外，使用者为贪图内网办公方便，而往往将内网服务器和应用安全访问策略设置得比较宽松，也为蓝队在内网横向拓展中利用口令认证仿冒渗透提供了很大的便利。比如：在实战攻防演练中，经常会碰到目标内网存在大量同类型服务器、安全设备、系统主机使用同一口令的情况，攻击者只要获取一个口令就可以实现对大量目标的批量控制；再有就是内网的一些集成平台或数据库，被设置为自动化部署应用但其默认口令没有修改，被利用的难度几乎为零。

3. 安全认证信息利用

内网安全认证信息包括搜集服务器自身安全配置、远控终端配置、口令字典文件、个人主机认证缓存或系统口令 Hash 等。这些安全认证信息的利用是蓝队攻击过程中实现内网横向拓展的重要途径，因为蓝队在内网横向拓展的最终目的就是获取内网控制权限，而内网控制权限的大小与获取内网安全认证信息多少密切相关。有效的内网安全认证信息可以使蓝队快速定位关键目标并实现接入拓展，可以说，一切内网横向拓展的工作都需要围绕安全认证信息的获取来进行。内网安全认证信息获取的重点有以下这些：

- ❑ 重要口令字典文档或配置文件，包括网络拓扑文件、口令文件、各类基础服务安全配置文件；
- ❑ Windows 凭据管理器或注册表中保存的各类连接账号密码、系统组策略目录中 XML 里保存的密码 Hash；
- ❑ 邮件客户端工具中保存的各种邮箱账号密码，包括 Foxmail、Thunderbird、Outlook 等；
- ❑ 远控客户端保存的安全认证信息，比如 VNC、SSH、VPN、SVN、FTP 等客户端；
- ❑ Hash 获取的口令信息，比如域网络用户 Hash、个人主机用户 Hash、网络用户 token 等；
- ❑ 各类数据库账号密码，包括数据库连接文件或数据库客户端工具中保存的各种数据库连接账号密码；
- ❑ 浏览器中保存的各种 Web 登录密码和 cookie 信息，包括 IE、Chrome、Firefox、360 浏览器、QQ 浏览器等（见图 2-31）。

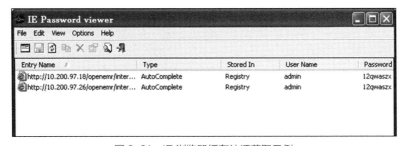

图 2-31　IE 浏览器缓存认证获取示例

4. 内网钓鱼

不同于外网钓鱼存在条件限制，内网钓鱼具有天然的信任优势可以利用，所以内网钓鱼的成功率要高得多。蓝队在内网钓鱼中追求的是一击必中，对目标的选择具有很强的针对性，主要针对网络安全运维人员、核心业务人员这些重要目标，因为攻下了这些目标，就意味着可以获取更大的网络控制权限和接触核心业务系统的机会。内网钓鱼的途径比较多，可以借助内网邮件、OA 与内网移动办公系统等。主要有两种情况：一种是在控制内网邮件、OA、移动办公系统服务器的情况下，利用这些系统管理权限统一下发通知方式定向钓鱼；另一种是在获取内网有限目标的情况下，利用在控目标通过内网邮件、OA、移动办公系统的通联关系，冒充信任关系钓鱼。

5. 内网水坑攻击

水坑攻击，顾名思义，是在受害者必经之路设置一个"水坑"（陷阱）。常见的做法是黑客在突破和控制被攻击目标经常访问的网站后，在此网站植入恶意攻击代码，被攻击目标一旦访问该网站就会"中招"。蓝队在实战攻防演练中用到的水坑攻击途径更加丰富多样，除了内部网站恶意代码植入，内网文件服务器文件共享、软件服务器软件版本更新、杀软服务器病毒库升级和内部业务 OA 自动化部署等，都可以作为内网水坑攻击的利用方式。和内网钓鱼一样，因为有内网信任关系，蓝队在实战攻防演练中用到的水坑攻击效率也比较高。

蓝队常用的攻击手段

在实战过程中，蓝队专家根据实战攻防演练的任务特点逐渐总结出一套成熟的做法：外网纵向突破重点寻找薄弱点，围绕薄弱点，利用各种攻击手段实现突破；内网横向拓展以突破点为支点，利用各种攻击手段在内网以点带面实现横向拓展，遍地开花。实战攻防演练中，各种攻击手段的运用往往不是孤立的，而是相互交叉配合的，某一渗透拓展步骤很难只通过一种手段实现，通常需要同时运用两种或两种以上的手段才能成功。外网纵向突破和内网横向拓展使用的攻击手段大多类似，区别只在于因为目标外网、内网安全防护特点不同而侧重不同的攻击手段（见图 3-1）。

总体来说，蓝队在攻防演练中常用的攻击手段有以下几类。

3.1 漏洞利用

漏洞是网络硬件、软件、协议的具体实现或操作系统安全策略上存在的缺陷，漏洞利用是对攻击者利用上述安全缺陷实现未授权访问、非法获取目标系统控制权或破坏系统的一系列恶意操作的统称。漏洞分为 0day 漏洞和 Nday 漏洞。0day 漏洞是指在产品开发者或供应商未知的情况下被攻击者所掌握和利用的安全缺陷，0day 漏洞没有可用的补丁程序，所以具有更强的隐蔽性和杀伤力。Nday 漏洞则是指在产品漏洞信息已经公开的情况下，仍未对存在的漏洞采取安全补救措施而导致的依旧存在的安全缺陷，Nday 漏洞的存在依然会对目标网络具有严重的安全威胁。在实战攻防演练中，漏洞利用是蓝队攻击最重要的实现手段之一，通过漏洞利用，蓝队可以在目标外网实现快速突破，在目标内网快速获取控制权限。攻防实战中蓝队常用的漏洞利用类型有以下几类。

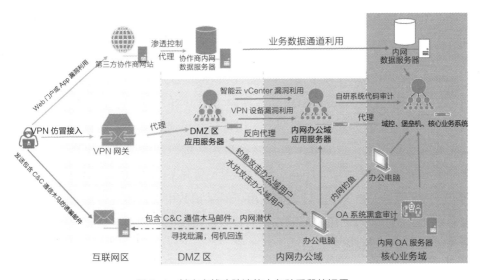

图 3-1　某次实战攻防演练中各种手段的运用

3.1.1　SQL 注入漏洞

SQL 是操作数据库数据的结构化查询语言，网页的应用数据和后台数据库中的数据进行交互时会采用 SQL。SQL 注入就是通过把 SQL 命令插入 Web 表单提交或输入域名或页面请求的查询字符串，最终达到欺骗服务器执行恶意 SQL 命令的目的。SQL 注入漏洞是发生在应用程序的数据库层的安全漏洞，是在设计应用程序时忽略了对输入字符串中夹带的 SQL 命令的检查，数据库误将恶意 SQL 命令作为正常 SQL 命令运行而导致的（见图 3-2）。SQL 注入漏洞被广泛用于获取目标 Web 系统的后台敏感数据、修改网站数据或获取网站控制权。蓝队主要利用 SQL 注入漏洞实现以下目的：

- 获取后台数据库中存放的目标的隐私信息，并进一步利用这些信息渗透拓展；
- 对目标网站挂马，进一步有针对性地开展钓鱼攻击；
- 获取后台应用系统的控制权限，进一步控制后台服务器。

图 3-2　SQL 注入检测万能语句

SQL 注入漏洞多存在于用户目标官网、Web 办公平台及网络应用等之中。比如：Apache SkyWalking⊖ SQL 注入漏洞（CVE-2020-9483）就是蓝队攻击中用到的一个典型的 SQL 注入漏洞。利用该漏洞可通过默认未授权的 GraphQL 接口构造恶意请求，进而获取目标系统敏感数据以用于进一步渗透。另一个典型的 SQL 注入漏洞——Django⊖ SQL 注入漏洞（CVE-2021-35042）存在于 CMS（内容管理系统）上。该漏洞是由于对某函数中用户所提供的数据过滤不足导致的。攻击者可利用该漏洞在未获授权的情况下，构造恶意数据执行 SQL 注入攻击，最终造成服务器敏感信息泄露。

3.1.2　跨站漏洞

如果在程序设计时没有对用户提交的数据进行充分的合规性判断和 HTML 编码处理，而直接把数据输出到浏览器客户端，用户就可以提交一些特意构造的脚本代码或 HTML 标签代码。这些代码会在输出到浏览器时被执行，从而导致跨站漏洞。利用跨站漏洞可在网站中插入任意代码以隐蔽地运行网页木马、获取网站管理员的安全认证信息等（见图 3-3）。蓝队主要利用跨站漏洞实现以下目的：

⊖ Apache SkyWalking 是一款开源的应用性能监控系统，主要针对微服务、云原生和面向容器的分布式系统架构进行性能监控。
⊖ Django 是一个 Web 应用框架。

- [ ] 对目标网站植入恶意代码，有针对性地开展进一步攻击渗透；
- [ ] 窃取网站管理员或访问用户的安全认证信息，进一步向个人主机拓展；
- [ ] 劫持用户会话，进一步获取网站用户隐私，包括账户、浏览历史、IP 地址等。

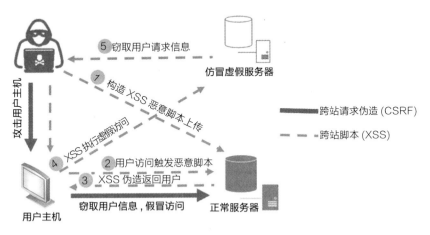

图 3-3　两种典型的跨站攻击方式

跨站漏洞多存在于用户目标官网、外部 Web 办公平台等之中。比如：DedeCMS[⊖]跨站请求伪造漏洞（CVE-2021-32073）存在于 /uploads/dede/search_keywords_main.php 文件下，是系统对 GetKeywordList 函数过滤不全导致的。攻击者可利用该漏洞将恶意请求发送至 Web 管理器，从而导致远程代码执行。Apache Tomcat[⊖]跨站脚本漏洞（CVE-2019-0221）是由于 Apache Tomcat 的某些 Web 应用程序中 JSP 文件对用户转义处理不完全导致的，远程攻击者可以通过包含";"字符的特制 URI 请求执行跨站脚本攻击，向用户浏览器会话注入并执行任意 Web 脚本或 HTML 代码。

3.1.3　文件上传或下载漏洞

一些网站或 Web 应用由于业务需求，往往需要提供文件上传或下载功能，但若未对上传或下载的文件类型进行严格的验证和过滤，就容易造成不受限制

⊖　DedeCMS 是一套基于 PHP+MySQL 的开源内容管理系统（CMS）。
⊖　Apache Tomcat 是一个流行的开放源码的 JSP 应用服务器程序。

的文件类型上传或敏感文件下载，导致发现文件上传或下载漏洞。利用文件上传或下载漏洞可上传恶意脚本文件并通过执行脚本实现对目标应用的渗透控制，或获取目标的安全配置、用户口令等敏感文件（见图 3-4）。蓝队主要利用文件上传或下载漏洞实现以下目的：

❑ 向目标网站或应用上传脚本文件，通过脚本搜集关键信息或获取目标控制权限；

❑ 向目标网站或应用上传木马文件，开展水坑攻击。

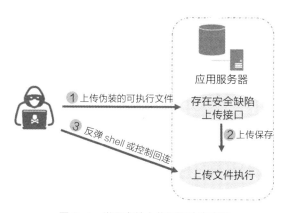

图 3-4　常见文件上传漏洞攻击实现

文件上传或下载漏洞多存在于用户目标官网的后台编辑器、网络业务应用、OA 办公系统等之中。比如：某 NC 系统任意文件上传漏洞的成因在于上传文件处未作类型限制，未经身份验证的攻击者可通过向目标系统发送特制数据包来利用此漏洞，在目标系统上传任意文件，执行命令；KindEditor[⊖]任意文件上传漏洞形成的原因是后台 /php/upload_json.php 文件不会清理用户的输入或者检查用户是否将任意文件上传到系统，利用该漏洞，攻击者可通过构造一个恶意的 HTML 文件来实现跳转、钓鱼等。

3.1.4　命令执行漏洞

命令执行漏洞是在 Web 应用、网络设备、业务系统上由于代码过滤不严格

　　　　⊖ KindEditor 是一个开源的 HTML 可视化编辑器，兼容 IE、Firefox、Chrome、Safari、Opera 等主流浏览器。

导致用户提交的数据被解析执行而造成的漏洞，其形成的原因是在目标应用或设备开发时对执行函数没有过滤，对用户输入的命令安全监测不足。命令执行漏洞可以分为系统命令执行和脚本（PHP、JSP 等）代码执行两类，分别通过传入系统命令和脚本代码实现。利用命令执行漏洞可通过浏览器或其他辅助程序提交并执行恶意代码，如 GitLab 远程命令执行漏洞（见图 3-5）。蓝队主要利用命令执行漏洞实现以下目的：

- 通过命令执行，非法获取目标的敏感信息，比如用户口令、安全配置等；
- 执行任意系统命令，比如添加账户操作、非法获取控制权；
- 通过执行恶意代码植入木马，实现水坑攻击，以进一步拓展。

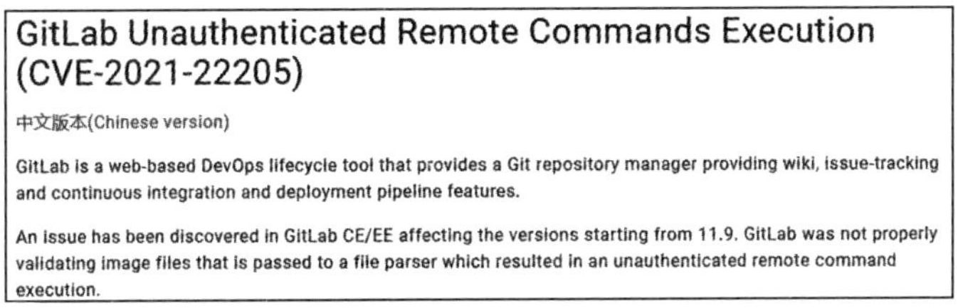

> **GitLab Unauthenticated Remote Commands Execution (CVE-2021-22205)**
>
> 中文版本(Chinese version)
>
> GitLab is a web-based DevOps lifecycle tool that provides a Git repository manager providing wiki, issue-tracking and continuous integration and deployment pipeline features.
>
> An issue has been discovered in GitLab CE/EE affecting the versions starting from 11.9. GitLab was not properly validating image files that is passed to a file parser which resulted in an unauthenticated remote command execution.

图 3-5　影响非常广泛的 GitLab 远程命令执行漏洞（CVE-2021-22205）

命令执行漏洞多存在于各种 Web 组件、网络应用之中，如 Web 容器、Web 框架、CMS 软件、安全组件、OA 系统等。比如：vCenter 远程命令执行漏洞（CVE-2021-21972）是 vSphere Client（HTML5）在 vCenter Server 插件中存在的一个远程执行代码漏洞，未经授权的攻击者可以通过开放 443 端口的服务器向 vCenter Server 发送精心构造的请求，从而在服务器上写入 Webshell，最终造成远程任意代码执行；微软 RDP 远程代码执行漏洞（CVE-2019-0708）是一个 RDP 服务远程代码执行漏洞，未经认证的恶意攻击者通过向目标主机 RDP 服务所在端口发送精心构造的请求，即可在目标主机上执行任意代码。

3.1.5　敏感信息泄露漏洞

敏感信息泄露漏洞是由于代码开发、程序设计不当或后台配置疏漏，导致不应该被前端用户看到的数据信息被轻易访问到的安全缺陷。敏感信息泄露漏洞可能导致泄露的信息包括：后台目录及目录下文件列表，后台操作系统、应用部署包、中间件、开发语言的版本或其他信息，后台的登录地址、内网接口信息、数据库文件，甚至账户口令信息等。这些敏感信息一旦泄露，就有可能会被攻击者用来寻找更多的攻击途径和方法。蓝队主要利用敏感信息泄露漏洞实现以下目的：

❑ 对敏感目录文件进行操作，读取后台服务器上的任意文件，从中搜集有价值的信息，为后续渗透积累条件；

❑ 获取后台应用部署包、中间件或系统平台的敏感信息，进一步利用它们控制后台服务器；

❑ 直接利用漏洞获取后台服务器认证数据库、账户口令等重要信息，直接用于仿冒接入。

敏感信息泄露漏洞多存在于各类 Web 平台、网络代理框架与网络业务应用。比如：VMware 敏感信息泄露漏洞（CVE-2020-3952）是一个与目录服务相关的信息泄露漏洞，产生原因是 VMware Directory Service（vmdir）组件在 LDAP 处理时检查失效和存在安全设计缺陷。攻击者可以利用该漏洞提取到目标系统的高度敏感信息，用于破坏 vCenter Server 或其他依赖 vmdir 进行身份验证的服务，并进一步实现对整个 vSphere 部署的远程接管（见图 3-6）。又如：Jetty[⊖] WEB-INF 敏感信息泄露漏洞（CVE-2021-28164）是由于对"."字符编码规范配置不当造成在 Servlet 实现中可以通过 %2e 绕过安全限制导致的漏洞。攻击者可以利用该漏洞下载 WEB-INF 目录下的任意文件，包括一些重要的安全配置信息。

Product	Version	Running On	CVE Identifier	CVSSv3	Severity	Fixed Version	Workarounds	Additional Documentation
vCenter	7.0	Any	CVE-2020-3952	N/A	N/A	Unaffected	N/A	N/A
vCenter	6.7	Virtual Appliance	CVE-2020-3952	10.0	Critical	6.7u3f	None	KB78543
vCenter	6.7	Windows	CVE-2020-3952	10.0	Critical	6.7u3f	None	KB78543
vCenter	Any	Any	CVE-2020-3952	N/A	N/A	Unaffected	N/A	N/A

图 3-6　VMware 官方公布的 CVE-2020-3952 漏洞信息

⊖　Jetty 是一个基于 Java 的 Web 容器，为 JSP 和 Servlet 提供网络运行环境。

3.1.6　授权验证绕过漏洞

授权验证绕过漏洞是一种在没有授权认证的情况下可以直接访问需要通过授权才能访问的系统资源，或者访问超出了访问权限的安全缺陷。漏洞产生的原因是应用系统在处理认证授权请求时响应不当，用户可通过发送特制格式的请求数据绕过授权验证过程。授权验证绕过漏洞可导致未授权访问或越权访问。未授权访问是指在没有认证授权的情况下能够直接访问需要通过认证才能访问的系统资源，越权访问是指使用权限低的用户访问权限较高的用户或者相同权限的不同用户可以互相访问（见图 3-7）。蓝队主要利用授权验证绕过漏洞实现以下目的：

❑ 访问目标应用系统后台未授权资源，获取敏感信息，积累渗透条件；
❑ 通过利用漏洞获取目标应用系统的控制权限，进一步开展渗透；
❑ 获取目标应用系统更高的控制权限，以获取更多的目标资源。

CNVD-ID	CNVD-2021-87313
公开日期	2021-11-15
危害级别	中 (AV:N/AC:M/Au:N/C:P/I:P/A:P)
影响产品	Jenkins Jenkins <=2.318
CVE ID	CVE-2021-21695
	Jenkins是Jenkins开源的一个应用软件。一个开源自动化服务器Jenkins提供了数百个插件来支持构建、部署和自动化任何项目。
漏洞描述	Jenkins 存在安全漏洞，该漏洞源于 FilePath # listFiles列出了代理在遵循 Jenkins 2.318 及更早版本、LTS 2.303.2 及更早版本中的符号链接时允许访问的目录之外的文件，攻击者可利用漏洞获取敏感信息。

图 3-7　Jenkins 未授权访问漏洞信息

授权验证绕过漏洞也多存在于各类 Web 平台、网络代理框架与网络业务应用之中。比如：Apache Shiro[⊖]权限绕过漏洞（CVE-2020-11989）是由于处理身份验证请求时出错导致的，远程攻击者可以发送特制的 HTTP 请求，绕过身份

⊖　Apache Shiro 是一个强大且易用的 Java 安全框架，执行身份验证、授权、密码和会话管理。

验证过程并获得对应用程序的未授权访问；MongoDB⊖ Server 安全机制绕过漏洞（CNVD-2020-35382）源于应用没有正确序列化内部的授权状态，攻击者可利用该漏洞绕过 IP 地址白名单保护机制。

3.1.7 权限提升漏洞

权限提升漏洞是指本地系统或系统应用在低权限情况下可被利用提升至高权限的安全缺陷，是因本地操作系统内网缓冲区溢出而可以执行任意代码或因系统应用管理配置不当而可以越权操作导致的。权限提升漏洞主要包括本地系统提权、数据库提权、Web 应用提权和第三方软件提权。权限提升漏洞多被攻击者用于在对渗透控制目标原有低权限的基础上通过提权实现高权限命令执行或获得系统文件修改的权限，从而实现在目标网络内更大的操作控制能力。蓝队主要利用权限提升漏洞实现以下目的：

❑ 获取本地系统管理员权限，以便获取用户 Hash、修改系统配置等，更方便进一步渗透拓展；

❑ 通过数据库、Web 应用、第三方软件实现对本地服务器的拓展控制，以获取更多信息资源。

权限提升漏洞多存在于本地主机或服务器、数据库应用、Web 应用系统、虚拟化管理平台等之中。比如：Windows 本地权限提升漏洞（CVE-2021-1732）就可以被攻击者利用来将本地普通用户权限提升至最高的 system 权限。该漏洞利用 Windows 操作系统 win32k 内核模块的一次用户态回调机会，破坏函数正常执行流程，造成窗口对象扩展数据的属性设置错误，最终导致内核空间的内存越界读写；当受影响版本的 Windows 操作系统用户执行攻击者构造的利用样本时，将会触发该漏洞，造成本地权限提升（见图 3-8）。又如：Linux sudo 权限提升漏洞（CVE-2021-3156）产生的原因是 Linux 安全工具 sudo 在运行命令时对命令参数中使用反斜杠转义特殊字符审核不严格而导致缓冲区溢出。利用该漏洞，攻击者无须知道用户密码且在默认配置下，就可以获得 Linux 系统的 root 权限。

⊖ MongoDB 是一个基于分布式文件存储的数据库，旨在为 Web 应用提供可扩展的高性能数据存储解决方案。

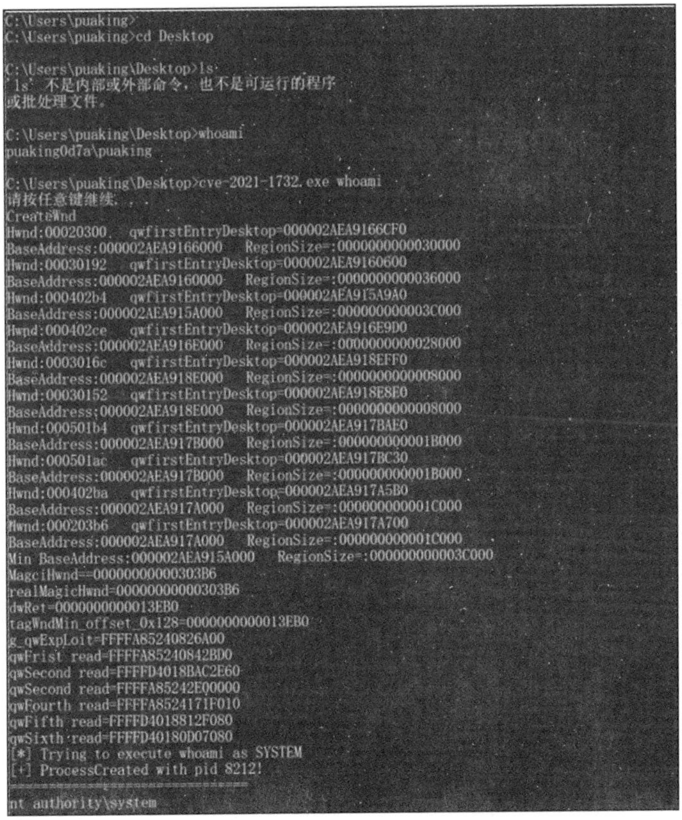

图 3-8　Windows 本地权限提升漏洞（CVE-2021-1732）PoC 应用示例

3.2　口令爆破

在网络攻防演练中，目标网络或系统有后台或登录入口的（如 Web 管理、Linux 系统 SSH 登录、Windows 远程桌面、Telnet、FTP、网关管理、VPN 登录、OA 系统、邮件系统或数据库服务器等），攻击者也常常会将这些登录入口作为攻击的重点。只要能通过各种手段获取这些入口的账户口令，攻击者就能获得目标网络或系统的访问控制权，访问用户能访问的任何资源，并在此基础上开展进一步的攻击渗透。口令爆破就是攻击者尝试所有可能的"用户名＋口令"组合，逐一进行验证，并尝试破解目标用户的账户口令的一种攻击手法。口令爆破是蓝队获取目标网络或系统登录入口账户口令的重要手段。在实战攻防演练中，由于目标网络的整体防护水平及人员网络安全意识不强，目标网络内外网应用、服务器、网关默认口令没有修改或使用弱口令的情况普遍存在，这为蓝队实现口令爆破提供了可能。根据口令复杂度的不同，口令爆破可以分为弱口令和口令复用两类。

3.2.1 弱口令

弱口令通常是指容易被攻击者猜测或被破解工具破解的口令。弱口令仅包含简单的数字和字母组合，例如 123456、root、admin123 等；或是仅有一些常用或简单的变形，例如 Admin、p@ssword、root!@# 等。蓝队可以通过构建弱口令字典，借助弱口令扫描工具或口令爆破工具对远程桌面、SSH 管理、默认共享等进行登录尝试（见图 3-9）。

业务服务器 SSH 弱口令

漏洞地址：

漏洞详情：

检测到 122 个主机存在数据库弱口令。

存在该问题的主机列表如下：

IP	端口	账户	密码
10.255.	22	admin	admin@123
10.255.	22	admin	admin@123
10.255.	22	admin	admin@123
10.255.	22	admin	admin@123
10.255.	22	admin	admin@123
10.255.	22	admin	admin@123
10.255.	22	admin	admin@123
10.255.	22	admin	admin@123
10.255.	22	admin	admin@123
10.255.	22	admin	admin@123
10.255.	22	admin	admin@123
10.255.	22	admin	admin@123
10.255.	22	admin	admin@123
10.255.	22	admin	admin@123
10.255.	22	admin	admin@123
10.255.	22	admin	admin@123
10.255.	22	admin	admin@123
10.255.	22	admin	admin@123
10.255.	22		@1234
10.255.	22		@1234
10.255.	22		@1234
10.255.	22		@1234

图 3-9　实战攻防演练中典型的弱口令示例

弱口令多是由于目标人员的网络安全意识不足，未能充分认识到弱口令的安全隐患严重性导致的。除了常见的弱数字和字母组合，实战攻防演练中常见的弱口令还有以下两种情况。

（1）产品默认口令

在部署网关、路由、综管平台、数据库服务器应用时，如果未对设备或系统的默认口令进行修改，而这些产品的默认口令信息多可以通过公网查询到，那么在蓝队攻击渗透过程中它们就很容易被作为首要的口令尝试选择。此类口令利用在实战攻防演练中占据相当大的比例，尤其是在内网拓展中，成功率非常高。

（2）与用户名关联

这种情况主要是指用户名和口令具有很大的关联性，口令是账户使用者的姓名拼音或是用户名的简单变形等。比如，很多企业员工使用类似 zhangsan、zhangsan001、zhangsan123、zhangsan888 之类的口令。针对这类口令，蓝队在攻击前通过信息搜集提取目标人员信息后，常常通过目标人员姓名构建简单的密码字典进行枚举即可攻陷目标 OA 系统、邮件系统等。

3.2.2　口令复用

口令复用是指多个设备或系统使用同一口令的情况。实战攻防演练中，口令复用表现为目标网络内同一账户口令被用在同类设备应用甚至不同设备应用上。蓝队通过某一途径获取了其账户口令后，就可以通过口令复用的方式轻而易举地登录并控制这些设备应用。口令复用中用到的口令多是比较复杂的口令，面向的也多是相对重要的设备应用，比如一些重要的网关设备、业务服务器、业务系统等，所以口令复用极容易导致网络节点批量失陷，造成比较大的攻击面。口令复用常常是指同一口令，但在实战攻防演练中，在原有口令上进行简单的变形或是以数字相加对应设备排序等情况，也可以归为口令复用。

3.3 钓鱼攻击

钓鱼攻击是一种典型的欺诈式攻击手段，攻击者通过伪装成可以信任的角色，利用电子邮件或其他通信渠道向被攻击者发送植入了木马的文档或恶意链接，并诱骗被攻击者点击执行，从而实现对被攻击者计算机的远程控制或恶意程序感染。实战攻防演练中，蓝队对目标进行钓鱼攻击的主要目的是在目标网络中建立支点，实现外网打点突破或内网定向攻击。通过钓鱼攻击控制被攻击者主机，并利用内网信息搜集手段从被控的目标主机上搜集有关目标网络的安全认证、业务应用系统操作、网络共享访问、网络组织架构和部门人员等敏感信息，为后续进一步攻击渗透积累条件。根据钓鱼的具体实现目标的不同，蓝队进行钓鱼攻击分为外网钓鱼和内网钓鱼，二者的主要区别见表3-1。

表 3-1   内外网钓鱼的主要区别

	钓鱼目标	钓鱼途径	冒充身份	钓鱼素材	钓鱼术语
外网钓鱼	微信客服，官网平台客服	微信公众号客服，官网平台客服，招聘人员，外网邮件服务器	客户，友商	服务投诉或咨询，业务合作，应聘等	投诉要强硬，合作要赢取信任，应聘要对口
内网钓鱼	网络运维人员，重要业务人员	内网OA，内网邮件服务器，内网实时通信平台，内网水坑	内部领导或同事	工作交流，工作通知	开门见山，直接抛出诱饵

3.3.1 外网钓鱼

蓝队外网钓鱼的主要目的是实现对目标网络的打点突破，即向前期搜集到的目标内部人员邮箱、平台客服、微信公众号发送植入了木马的文件，诱骗目标人员点击钓鱼文件，使木马在对方主机上运行回连，实现对目标主机的远程控制，并以此为支点进一步渗透目标内网。外网钓鱼攻击的目标人员和诱骗素材投递途径往往有限，比如：钓鱼的目标人员往往受限于前期通过各种手段能够搜集到的有关人员，主要是一些对外业务交流人员、招聘人员、客服人员等；诱骗素材投递途径也受限于外网邮箱、客服平台或微信公众

号等外网应用。实战攻防演练中，蓝队外网钓鱼很少使用水坑钓鱼，因为
在有在控目标网络服务器的情况下，再进行水坑钓鱼就是非必要的了（见
图 3-10）。

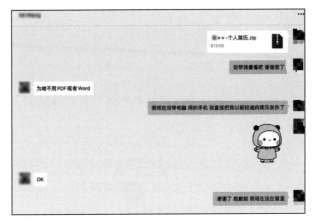

图 3-10　实战攻防演练中的钓鱼案例

外网钓鱼攻击包括以下几个步骤。

（1）钓鱼目标选定

外网钓鱼目标的选择要遵循一个原则：选择网络安全意识薄弱的目标人员。
要尽量选择客服人员、人事部门人员、财务人员或商务人员这类人员进行钓鱼，
因为这类人员通常网络安全知识基础薄弱，对来自外网的安全威胁缺乏足够的
认识，对网络钓鱼的安全防范意识弱，所以对其进行钓鱼攻击就很容易成功，
即使钓鱼过程有异常情况（如木马运行异常、杀毒软件报警、钓鱼素材不能正
常显示等）发生。外网钓鱼应尽量避免针对运维管理人员这类具有较强网络安
全知识基础的人员，除非掌握了其相当准确的个人情况（喜好、工作习惯、工
作岗位），以及有高效的诱骗工具、素材和充分的异常应对措施。

（2）钓鱼工具准备

高效的工具是保证钓鱼成功的关键。工具的准备工作主要围绕诱骗文档格
式选择和木马免杀展开：诱骗文档格式决定了木马触发的方式，木马免杀则决
定了是否成功运行并回连控制。在实战攻防演练中常见的诱骗文档格式和形式

有可执行文件、反弹脚本、Office 宏、Office 文档捆绑、CHM 文档、LNK 文件、HTA 文件、文件后缀 RTLO 和自解压运行压缩包等，这些文档格式和形式可以根据钓鱼素材灵活搭配使用。木马免杀则主要依据前期目标信息搜集，综合考虑目标网络安全防护、杀毒软件类型、钓鱼目标个人办公环境等因素进行有针对性的免杀，以确保木马顺利执行并出网回连。

（3）钓鱼素材和沟通话术准备

选定钓鱼目标后，就要有针对性地准备钓鱼素材和沟通话术。钓鱼素材的选择取决于钓鱼目标人员的性质，比如：

❑ 对客服人员可以选择服务投诉或问题咨询；
❑ 对人事部门人员可以选择人员岗位应聘或最新人事变动动态；
❑ 对财务人员可以选择目标业务财报或行业投资资讯；
❑ 对商务人员可以选择业务合作或产品推广等。

钓鱼沟通话术准备主要围绕素材开展，比如：

❑ 对客服人员可以用比较强硬的口气，要求问题马上得到解决，用客户至上的要求给予客服人员压力；
❑ 对人事部门人员则以友好沟通的口气，通过沟通需求建立信任，伺机发送诱骗文档；
❑ 对财务人员假装进行咨询和评估，用比较专业的口气进行分析与研讨；
❑ 对商务人员则诱其以利，若即若离，让其主动上当。

（4）进行钓鱼

实战攻防演练中，被攻击目标常常会在演练前向内部人员发出防范钓鱼攻击的通知或提出相关要求，这就给钓鱼攻击增加了不小的难度，而蓝队常常通过对钓鱼攻击时机和钓鱼目标心理的把握来提高成功率。攻击时机最好选择被攻击目标可能心理懈怠而毫无防备之时，比如：沟通过程比较顺畅，逐渐取得信任的时候；工作日人员容易懈怠的时候，如周一至周四临近下班时间、周五下午等。对被攻击目标心理的把握则主要采取换位思考的方式，在沟通交流中提前判断对方可能采取的下一步动作，及时变换沟通技巧和方法，从而全面掌握主动，达到"愿者上钩"的最佳钓鱼效果。

3.3.2　内网钓鱼

蓝队内网钓鱼的主要目的是实现在内网中的定向攻击，主要针对目标网络运维管理人员、重要业务人员或部门领导，因为这些人往往掌握目标网络或业务比较核心的资源信息，突破这些重要人员的主机并获取重要的目标网络信息，会给渗透拓展带来很大的便利。内网钓鱼攻击在攻击目标的选择上具有较强的针对性，并且钓鱼途径也相对灵活，比如：可以通过内网 OA、内网邮件服务器、内网业务文件共享、内网办公软件更新或内网 Web 应用水坑钓鱼等途径。同时，因为内网钓鱼具有较大的信任优势，成功率也会高很多（见图 3-11）。

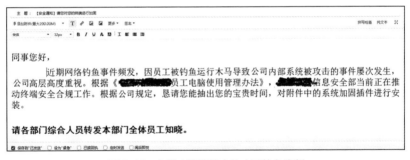

图 3-11　实战攻防演练中的内网钓鱼案例

内网钓鱼攻击包括以下几个步骤。

（1）钓鱼目标选定

内网钓鱼主要是为了对内网重点网络或业务系统进行定点渗透拓展，所以对目标的选择主要根据实际任务的进展需求开展，比如：若是为了实现对内网重要网络节点进行拓展控制，则主要选择网络运维管理人员作为钓鱼目标；若是为了对主要核心业务应用进行拓展控制，则主要选择目标核心业务人员作为钓鱼目标。

（2）钓鱼工具准备

内网钓鱼工具的准备和外网钓鱼工具的准备一样，也需要综合考虑内网钓鱼途径的选择和钓鱼目标的内网安全防护、杀毒软件类型、个人办公环境等因素，以确保钓鱼成功。

（3）钓鱼素材和钓鱼话术准备

可根据钓鱼途径灵活选择内网钓鱼素材。通过内网 OA、邮件服务器钓鱼则选择钓鱼目标人员比较感兴趣的素材，比如：

❑ 针对网络运维管理人员，选择与网络安全动态、网络安全建设有关的素材；
❑ 针对重要业务人员和领导，则选择与目标业务内容或业务系统应用相关的话题。

另外，所有人员比较关心的薪资、福利问题也是内网不错的钓鱼素材。如果要通过文件共享、软件更新或内网 Web 应用挂马途径，则选择定期业务报告、应用软件升级包或业务动态等与业务密切相关而容易让人感兴趣的内容作为钓鱼素材。

内网钓鱼的话术选择也相对灵活，因为有信任关系，往往可以开门见山，用内部领导或同事的口气进行交流，比如：以网络安全通知、内网软件需要更新、同事问题求助或其他内部关注话题等作为话题，利用内网信任关系诱导内网目标人员点击中招。

（4）进行钓鱼

实施钓鱼时，内网钓鱼不必像外网钓鱼那样，需要准确把握被攻击目标的心理和合理时机抛出诱饵，而可以用开门见山的方式直接抛出话题诱饵。因为内网钓鱼利用的就是信任关系，实施钓鱼时过多的铺垫反而容易引起对方怀疑，直接抛出诱饵成功率会更高。实施内网业务文件共享、内网办公软件更新或内网 Web 应用水坑钓鱼，则要利用通过目标信息搜集所掌握的情况，充分把握目标内网人员的办公习惯直接进行文件替换或木马植入。

3.3.3 钓鱼应急措施

蓝队在钓鱼攻击过程中，经常会碰到被质疑或被发现的情况，钓鱼攻击前就需要做好应急预案，以防引起被攻击目标的警觉或被反向追踪溯源。采取的常见措施有以下几种。

（1）即使诱骗成功也要适当掩饰

利用诱骗文档钓鱼时，诱骗文档常常不包含诱骗素材的真正内容，需要在已经触发木马钓鱼成功的情况下，再次发送一份相同素材主题的正常文档进行掩饰，以免引起对方怀疑。

（2）钓鱼文档异常应对

针对钓鱼文档异常（如文档无法正常打开、目标的杀毒软件报警）导致对方提出疑问的情况，或假装不知（如在我的电脑上正常，可能是软件版本、系统环境导致的异常），或用一些专业性的话题蒙混过关（如文档采用了不常用模板，模板格式问题导致异常），同时抛出正常文档进行掩饰，再伺机套出对方的杀毒软件类型、系统环境，然后尽快处理免杀或规避，以备后续改进攻击方式。

（3）反溯源应对

针对被对方发现并有可能被对方分析溯源的情况，需要对钓鱼文档或木马做好反溯源处理，具体方法如下：

❑ 彻底清除文档或木马编译生成时自动搜集和集成到文档内部的操作系统、文件路径或计算机用户名信息；

❑ 对木马可执行文件进行加壳或代码混淆处理，增加逆向分析难度；

❑ 编译木马时对其反弹回连所需的域名、IP 地址和端口等关键字段信息进行加密处理，防止泄露，防止此类敏感信息被分析到；

❑ 木马回连域名、IP 地址和端口使用备份机制，每个木马中集成 2 个以上回连选择，在 1 个域名 IP 地址被封的情况下，备用域名 IP 地址可能会发挥作用。

3.4　供应链攻击

供应链攻击也叫第三方攻击，是蓝队在实战攻防演练中采取的一种迂回攻击手段。目标网络建设所需各项关键基础设施和重要资源严重依赖第三方产品和服务提供商，并且大多数目标用户对第三方提供商的产品和服务是信任的，这就为攻击者开展供应链攻击提供了条件。供应链攻击在外网纵向突破和内网横向拓展中均有运用，外网主要围绕目标互联网侧的产品漏洞或服务安全入口薄弱点开展，内网则主要围绕第三方产品或自主开发应用的漏洞开展。供应链攻击具有迂回隐蔽不易被发现、产品或服务利用环节多样、攻击影响面较大的特点，成为蓝队越来越依仗的攻击手段。供应链攻击的途径主要有三种，如图 3-12 所示。

图 3-12　供应链攻击的三种途径

3.4.1　网络或平台提供商

网络或平台提供商是指提供通信基础网络、应用托管平台或服务器的第三方提供商，主要包括网络提供商、Web 应用或服务器托管平台、云网络平台提供商等。目标网络往往需要借助这些第三方提供商来接入互联网，提供网络服务平台支撑。对此类第三方提供商开展供应链攻击，可以接触到目标基础网络或平台底层服务，容易实现对目标的全面渗透和控制。对于不同的提供商，渗透和控制的实现路径具体如下。

（1）网络提供商

渗透进入目标网络提供商的网络，在提供商内通过目标网络 IP 分配或服务提供的信息定位目标网络接入点（主要是路由网关），利用该路由网关的信任通联关系或对目标网络的边界路由网关开展渗透，通过漏洞利用或网络数据劫持，获取目标网络的边界网关或路由控制权，进一步向目标内网渗透拓展。常见的例子有在 APT 攻击中，直接对目标国家 / 地区的网络基础运营商开展攻击控制，再以此为跳板向受害目标网络进行渗透拓展。

（2）应用平台提供商

渗透进入目标网络云托管平台、服务器资源提供商网络，根据托管服务定位目标托管业务的所在位置，渗透获取托管业务的控制权限，在托管业务中植入恶意代码对目标人员开展水坑攻击，或通过托管业务寻找托管业务与目标本地网络的接口（主要是托管业务管理接口），利用漏洞利用或仿冒接入等手段进一步渗透拓展本地网络，获取目标本地网络的接入控制支点。目前常见的例子有对目标云托管平台提供商进行渗透，通过获取目标业务托管接入认证信息，并进一步利用这些认证信息进行接入控制。

此类供应链攻击虽然危害比较大，但是攻击难度大，花费时间长，所以在实战攻防演练中使用得不多。此类供应链攻击在 APT 攻击中使用得较多，因为 APT 攻击多是针对国家或政府的核心职能部门开展的网络攻击和渗透。这些核心职能部门的网络往往对外接口非常少，并且隔离防护非常严，对其开展正面攻击往往难度非常大；但是这些网络还必须借助基础网络建设或联网，APT 攻击就通过这些第三方网络或平台实现对核心目标网络的迂回渗透。

3.4.2 安全服务提供商

此类供应链攻击主要针对的是将网络安全服务外包的目标网络。目标网络受限于自身网络安全运维管理的人力或技术水平，常常会将自身网络建设和安全运维工作交由第三方提供商来完成，第三方提供商手里就会掌握有关目标网络的重要入口控制信息或大量的网络安全信息，这在受到供应链攻击时就会带来相当大的安全隐患。攻击者可以通过攻击第三方安全运维人员，获取运维人员管理目标网络的权限，并借助其管理权限接入目标网络。这种攻击具有很大的隐蔽性，因为目标网络无法准确判断通过第三方运维服务进行接入连接的是运维人员还是攻击者。

下面来看一个实战攻防演练中通过安全服务提供商开展供应链攻击的典型例子。某目标将关键网络安全运维工作，包括关键 VPN（Virtual Private Network，虚拟专用网络）网关、网络运维入口管控等，全部外包给第三方网络公司。蓝队在前期侦察中发现了这一情况，随即对第三方安全服务提供商开展针对性工作，获取了目标网络内网接入的 VPN 账号口令，并利用获取的口令成功接入目标内网，进一步控制了目标内网的大量堡垒机和重要服务器。此次蓝方发起的供应链攻击通过第三方安全服务提供商直接将目标网络全盘拿下。

3.4.3 产品或应用提供商

通过产品或应用提供商开展供应链攻击主要是围绕第三方系统、应用或设备开展工作，利用各种手段获取第三方提供商的原厂设备或应用源码，并对设备进行解剖分析或对源码进行代码审计以寻找其可能存在的安全漏洞，进而利用发现的漏洞实现对目标网络的突破。实战攻防演练中常用的第三方应用源码获取方式主要有两种：一种是通过公开手段，在公网 GitHub、Gitee、凌风云之类的互联网资源库中搜集相关的应用源码，这类源码主要是由开发人员无意中泄露或公开发布的；另一种手段是通过渗透控制第三方提供商，控制第三方开发资源库获取相关设备或应用源码，或者直接通过第三方提供商内部获取设备或应用的安全缺陷或后门。对第三方资源的利用则包括自主挖掘漏洞或原有后门利用、更新包捆绑恶意代码并推送、对应用开发依赖文件包进行恶意代码植入等，借助第三方设备或应用打开目标网络的突破口，如 SolarWinds 供应链攻击（见图 3-13）。

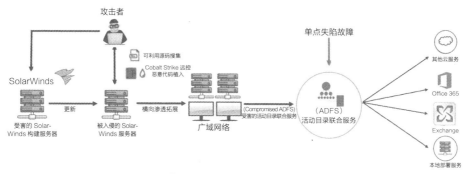

图 3-13　著名的 SolarWinds 供应链攻击示意图

下面来看一个实战攻防演练中通过应用提供商开展供应链攻击的典型例子。围绕目标展开的前期侦察发现，某网络科技公司是该目标的无纸化系统提供商，遂针对该公司开展工作。利用该公司 BBS 论坛的 dz 漏洞控制该 BBS 论坛的后台服务器，进一步拓展该公司的 SVN 服务器；从中发现目标在用无纸化系统源码，对目标的无纸化系统源码进行代码审计，挖掘出 0day 漏洞；利用挖掘出的 0day 漏洞控制目标网络无纸化系统的后台服务器，成功接入目标内网；继续在目标内网横向拓展，最终控制目标内部业务网络的大量服务器和业务系统。

3.5　VPN 仿冒接入

VPN 是利用 Internet 等公共网络基础设施，通过隧道加密通信技术，为用户提供安全的数据通信的专用网络，可以实现不同网络之间以及用户与网络之间的相互连接。通过 VPN 组网，网络内部各分支可以实现像本地访问一样的安全通信交互，远程用户或商业合作伙伴也可以安全穿透企业网络的边界，访问企业内部资源。随着 VPN 在政府、机构、企业的网络部署中越来越普遍，VPN 在政府、机构、企业的远程办公中占据越来越重要的地位。在 VPN 网络内，分支机构、合作伙伴、客户和外地出差人员可以随时随地通过 VPN 接入访问内部资料、办公 OA、内网邮件系统、ERP 系统、CRM 系统、项目管理系统等，因此 VPN 仿冒接入成为蓝队利用的攻击手段之一。只要获取了目标 VPN 网络的接入权限，攻击者就能仿冒合法认证接入目标内网，并可以进一步隐蔽渗透（见图 3-14）。

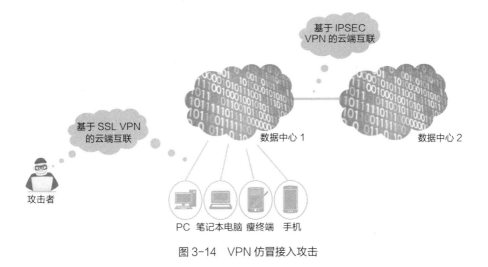

图 3-14　VPN 仿冒接入攻击

实现 VPN 仿冒接入的前提是获取 VPN 接入权限，因此 VPN 仿冒接入攻击工作主要围绕如何获取 VPN 接入权限展开。实战攻防演练中蓝队主要通过以下两种途径获取 VPN 接入权限。

1. 获取 VPN 认证信息

直接针对具有 VPN 接入权限的 VPN 网络管理员、内部个人用户、分支机构、合作伙伴或客户开展网络攻击，通过渗透窃取他们的 VPN 接入账户口令或接入凭据，再仿冒其身份接入目标内网进行进一步渗透拓展。蓝队攻击获取 VPN 认证信息的常用方式有以下几个：

- ❏ 针对目标人员钓鱼，控制目标个人计算机后，伺机窃取 VPN 接入信息；
- ❏ 通过供应链攻击针对目标的安全服务提供商，迂回获取 VPN 入口和接入认证信息；
- ❏ 通过漏洞利用直接从 VPN 网关设备上获取 VPN 网关账户信息；
- ❏ 除了外网常用的途径外，内网还经常可以通过口令复用或弱口令获取 VPN 账户口令信息。

前面讲到的通过安全服务提供商开展供应链攻击、获取第三方安全运维服务的 VPN 账户口令的案例，也是一个典型的 VPN 仿冒接入的实战攻防演练例子。

2. 控制 VPN 网关

主要针对暴露在互联网侧的 VPN 网关设备开展攻击，通过设备漏洞利用控制 VPN 网关设备，再利用边界网关设备控制权限和内外网通联优势渗透内网。蓝队控制 VPN 网关的常见实现方式有：利用漏洞实现远程代码执行，添加管理员账户，控制网关设备，通过任意文件读取漏洞未经身份验证地窃取网关设备管理凭据，或者通过注入漏洞获取后台管理数据库中的账户口令信息。

实战攻防演练中有一个比较典型的例子是通过 VPN 网关漏洞实现突破。在对某目标的前期侦察和探测中，在总部网络上未发现任何可利用的薄弱点；随即根据目标业务地域分散的特点，对其分支机构开展侦察，在某分支机构的网络边界发现 Fortinet VPN 历史漏洞；通过漏洞利用接入分支机构网络的内网，并进一步通过分支机构网络完成对目标总部网络的渗透拓展。

3.6 隐蔽隧道外连

隧道是一种利用封装和加密技术实现网络间数据通信的方式，也是一种蓝队在攻击渗透过程中绕过目标边界防火墙的通信策略限制的手段。在实际的网络安全部署中，网络边界上通常会部署各种边界设备、软硬件防火墙或入侵检测系统来检查网络的对外连接情况，如果发现异常流量、可疑连接或通信，它们就会对此类通信连接进行阻断。蓝队在攻击的过程中，常常会碰到攻击动作或流量被察觉、目标内网无法出网的情况，这就需要借助隐蔽隧道外连手段实现攻击动作的隐蔽执行和攻击数据的隐蔽通信，或突破目标网络的边界隔离限制，实现外网到内网的跨边界跳转访问控制。隐蔽隧道外连主要通过加密通信和端口转发技术组合实现：加密通信就是先将通信数据加密处理后再进行封装传输，主要目的是通过加密数据通信逃避流量内容检测，从而规避安全网关对危险动作或文件格式的过滤；端口转发就是对网络端口流量从一个网络节点到另一个网络节点的转发，主要目的是实现网络通信在网络节点之间的定向跳转，从而实现对一些隔离网络节点的间接访问。某任务中的隧道代理案例如图 3-15 所示。

图 3-15 某任务中的隧道代理案例

实战攻防演练中，蓝队主要通过以下两种方式实现隐蔽隧道外连。

（1）借助第三方工具

实战攻防演练中，蓝队在攻击过程中主要借助第三方内网工具在远程控制客户端和被攻击目标终端之间建立一个安全通信通道，实现外网到内网的通信流量跨边界跳转，从而完成对内网隔离目标的访问控制，为进一步从外到内渗透拓展提供便利。实现的方式主要有两种：正向代理，就是通过可与内网通联的边界服务器，实现内网主机主动出网，连接到攻击者的外网控制端；反向代理，以边界服务器为代理服务器，实现由外到内对内网主机的访问。第三方工具具有支持加密通信，转发端口自由设置、小巧实用等优点，多具有强大的端口转发功能，可实现本地转发、远程转发、动态转发等多项功能。常用的第三方工具有：端口转发类工具，如 Windows 自带的 Netsh 命令工具、Linux 系统自带的 ssh 命令工具、Netcat、HTran、Lcx 等；SOCKS 代理类工具，如 frp、ngrok、Proxifier 等。

（2）借助目标边界设备

除了第三方工具，蓝队在实战攻防演练中也可以利用目标边界设备的某些后台功能模块实现隐蔽外连渗透的目的，比如：可以利用一些边界网关的端口映射功能实现内网主机的出网操作；利用一些边界防火墙自带的 PPTP、L2TP 或 SSL VPN 功能模块实现 VPN 隐蔽接入目标内网。目标网络一般很少在边界设备上开启此类通信设置，并且此类设置多涉及底层网络通信，具有稳定、隐蔽的特点，经常会成为蓝队在第三方工具利用效果不佳时的另一种选择。

3.7　社会工程学攻击

社会工程学攻击就是通过社会工程学方法来实施网络攻击的一种手段。社会工程学攻击是一种利用人的弱点，综合运用信息搜集、语言技巧、心理陷阱等多种手段，完成欺骗目的的方法。社会工程学攻击主要是利用人们信息安全意识薄弱这一脆弱点以及人性的弱点，通过各种手段从被攻击目标内部人员身上获取对网络渗透有价值的情报或敏感信息（见图 3-16）。与传统的网络攻击手段不同，社会工程学攻击开展工作的对象是人，就是从目标人员身上获取对网络突破有价值的信息或条件，比如目标网络架构部署、系统应用、安全防护、内部人员通信方式或账户口令信息等。蓝队可以利用这些信息分析目标网络弱点,有针对性地开展攻击,甚至直接利用获取到的账户口令实现突破。

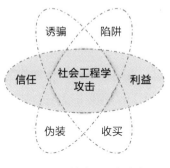

图 3-16 社会工程学攻击

社会工程学攻击主要有以下几种方式。

□ 利用熟人关系:这是社会工程学攻击最常用的方式,主要是利用熟人之间的信赖关系,通过熟识的同学、朋友有针对性地打听有关目标网络的信息。

□ 通过利益交换:主要针对目标已经离职的网络安全人员,通过金钱买通或利益交换的方式获取信息。

□ 伪装相似背景:主要利用目标内部人员可能参加的一些专业会议、安全技术论坛等,通过伪装身份刻意接触目标人员,趁机套取信息。

□ 伪装新人潜入:利用目标可能存在的招聘机会,通过伪装身份直接去目标单位应聘,从而打入目标内部,趁机窃取目标的核心信息。

□ 假装面试交流:同样利用目标可能存在的招聘机会,尤其是一些网络安全相关的岗位,以应聘者的身份参加面试,在与招聘人员的交流过程中套取与目标的网络建设、应用部署等相关的信息。

钓鱼攻击也是利用诱骗手段实现对目标网络的突破,所以也是社会工程学攻击的一种。

3.8 近源攻击

近源攻击是一种集常规网络攻防、物理接近、社会工程学攻击及无线电通信攻防等能力于一体的网络攻击手段。不同于传统的网络攻击渗透"边界"受限于常见的 Web 平台、系统应用、防火墙网关等外部接口，攻击者只能从"边界"外部开展攻击，近源攻击中攻击者位于目标附近或建筑内部，攻击也是从目标"内部"发起的。目标内部常常存在更多的安全盲点，比如各类无线通信网络、物理接口或智能终端设备等，攻击者可以利用这些安全盲点更加隐蔽地突破目标安全防线进入内网，最终实现对目标网络的深度渗透。实战攻防演练中，蓝队主要通过乔装、社会工程学攻击等方式实地物理侵入企业的办公区域，从被攻击目标内部的各种潜在攻击面（如 Wi-Fi 网络、RFID 门禁、暴露的有线网口、USB 接口等）找到突破口，并以隐蔽的方式对攻击结果进行验证，由此证明目标网络安全防护存在漏洞。常用的攻击方式有以下两种。

（1）Wi-Fi 边界突破

现在 Wi-Fi 网络在办公区使用比较普遍，可以利用目标办公区附近的 Wi-Fi 网络，通过无线设备和工具抓取 Wi-Fi 通信数据包，重点对有 Wi-Fi 安全认证访问的数据进行解码分析，破解其认证信息，从而获取 Wi-Fi 网络接入权限；或者通过伪造热点（如用相似名字暗示），利用伪造的热点更强的信号或通过攻击真实 Wi-Fi 路由使其瘫痪，从而诱骗内部人员连接伪造的热点，窃取目标人员的 Wi-Fi 凭证。

（2）乔装侵入

乔装侵入就是利用目标的安全监管漏洞，假冒目标内部人员进入目标办公区，在目标内部寻找暴露的有线网口、智能终端设备、无人监管主机等可能具有内网连接条件的设备，通过这些网口或设备接入目标内网实施攻击渗透。比如：通过暴露的网口可以直接连接电脑，很有可能可以接入目标内网；智能终端设备多留有 USB 接口，可以借助此类接口进行恶意代码植入；无人监管主机可以通过授权验证绕过漏洞进行控制，直接进入内网。

下面来看一个实战攻防演练中比较典型的例子。某目标网络攻防演练任务中，攻击者以参会名义假冒参会人员进入目标办公区会场，在会场的某张桌子下发现暴露的 LAN 口，直接连接笔记本电脑后可扫描内网网段，利用漏洞控制网络管理平台，进一步将其作为跳板渗透拓展。

4

蓝队攻击的必备能力

开展网络渗透对蓝队人员的岗位技能和动手能力都有较高的要求，这些能力要求侧重于攻防实战，是蓝队人员综合能力水平的体现。因为蓝队人员在实战攻防演练中面对的是十分契合真实网络条件的环境，各项技能与手段都需要在实战中得到实践运用，所以对蓝队人员的能力要求与对传统网络安全的能力要求有一定的区别。同时，蓝队能力综合了漏洞挖掘、攻击开发、代码调试、侦破拓展多个方面，根据蓝队人员技术专长、能力水平、技能掌握难易程度等不同情况，蓝队能力有基础能力、进阶能力和高阶能力之分。

4.1 实战化能力与传统能力的区别

由于实战攻防演练是对真实黑客攻防过程进行模拟和再现，因此也要求蓝队成员在攻击过程中所使用的战术手法能够达到甚至超过黑产组织或 APT 组织的攻击水平。与传统的漏洞挖掘人才能力要求不同，实战化能力要求蓝队成员具备在真实的业务系统上，综合利用各种技术和非技术手段进行动态实战攻防的能力。具体来说，实战化能力主要有以下几个特点。

（1）针对业务系统，而非 IT 系统

传统或一般的漏洞挖掘工作主要针对的是各类 IT 信息系统本身或系统中的设备、协议等，如各类 Web 系统、操作系统、PC 终端、IoT 设备、工业协议、区块链协议等；而实战攻防演练工作的核心目标是发现和解决由网络安全问题引发的业务安全及生产安全问题，攻击过程针对的是实际运行中的业务系统或生产设备。

此外，传统的漏洞挖掘工作主要关注的是对单一系统的单点突破。实战攻防演练更多关注的则是多个系统并存的复杂体系，是复杂体系在运行、管理过程中存在的安全隐患。对于多数大中型政企机构来说，内部存在几十上百个不同的信息化系统的情况是非常普遍的。

（2）漏洞挖掘只是辅助，攻击必须有效

单纯的漏洞挖掘工作，一般只需证明漏洞的存在，提交漏洞报告即可。但在实战化的业务环境中，存在漏洞不等于能够实现有效的攻击。一方面，这是因为漏洞的实际触发可能依赖于诸多条件，这些条件在实际的业务环境中未必具备；另一方面，即便漏洞是有效的，但如果蓝队只能实现单点突破，而无法达到预设的最终目标，同样不能完成有效的攻击。

（3）攻击是个过程，允许社会工程学方法

对单一漏洞进行挖掘和利用，往往只能实现某个局部的技术目标。但事实上，在绝大多数的实战攻防演练中，蓝队需要连续突破多个外围系统或关联系统，才能最终达成计划中的攻击目标。也就是说，蓝队需要掌握一系列漏洞，并能够对机构内部的 IT 架构、运行管理机制进行有效分析，才有可能找到有效的攻击路径，实现实战攻防演练环境下的有效攻击。事实上，在实战攻防演练中，蓝队一方可能需要连续数日，多人协作才能完成一整套攻击。

此外，一般的漏洞挖掘或渗透测试是不允许使用社会工程学方法的。但在实战化环境下，社会工程学是必不可少的攻击手法，因为真实的攻击者一定会使用这项技能。事实上，以人为突破口，往往是实战攻防演练中攻击方的优选。

（4）动态攻防环境，有人运行值守

单纯的漏洞挖掘工作一般不需要考虑攻防过程，也就是说不需要考虑人的参与。但在实战攻防演练中，防守方红队实际上是有专业团队在进行安全运行维护和 24 小时值守工作的。攻击方蓝队一旦开始行动，就有可能被防守方发觉。而防守方一旦发现入侵行为，也会采取各种反制措施、诱捕行动及攻击溯源。所以，实战化能力就要求蓝队成员必须掌握一定的身份隐藏技能，掌握匿名网络、免杀技术、权限维持等各种安全对抗技术。

4.2 实战化蓝队人才能力图谱

实战化蓝队人才能力可以分为不同的级别和类型。在本书中，我们主要综合考虑了掌握技能的难易程度、市场人才的稀缺程度及实战化能力的有效性这三方面的因素，将蓝队的实战化能力从低到高依次分为基础能力、进阶能力和高阶能力。

（1）掌握技能的难易程度

不同的能力，学习和掌握起来难易程度不同。而技能的难易程度是能力定级的首要因素。例如，Web 漏洞利用相对容易，而 Web 漏洞挖掘要困难一些，系统层漏洞的挖掘则更为困难，所以这三种能力也就分别被列入基础能力、进阶能力和高阶能力。

（2）市场人才的稀缺程度

人才的稀缺程度也是能力定级的重要参考因素。例如，在蓝队一方，掌握系统层漏洞利用的人只有 1 成左右；在 iOS 系统中，会编写 PoC 或 EXP 的人员也相对少见。因此，这些能力就被归入了高阶能力。

（3）实战化能力的有效性

总体而言，越是高阶的能力防守方就越难以防御和发现，其在实战攻防演练中发挥实效的概率也就越大。

接下来说分类问题。从不同的视角出发，可以对实战化能力进行不同的分类。而本书所采用分类方法主要考虑了以下几个因素。

❑ 只对实战化过程中最主要、最实用的能力进行分类，边缘技能暂未列入分类。

❑ 不同的能力分类之间尽量不交叉。

❑ 分类与分级兼顾，同一领域的不同能力，如果分级不同，则作为不同的分类。

❑ 将挖掘、利用、开发、分析等能力作为不同的技能来分类。比如，同样是对于 Web 系统，漏洞利用、漏洞挖掘、开发与编程都是不同的能力分类。

以前述分级与分类原则为基础，本书将实战化蓝队人才能力分为 3 个级别、14 类、85 项具体技能。其中，基础能力 2 类 20 项，进阶能力 4 类 23 项，高阶能力 8 类 42 项，如图 4-1 所示。

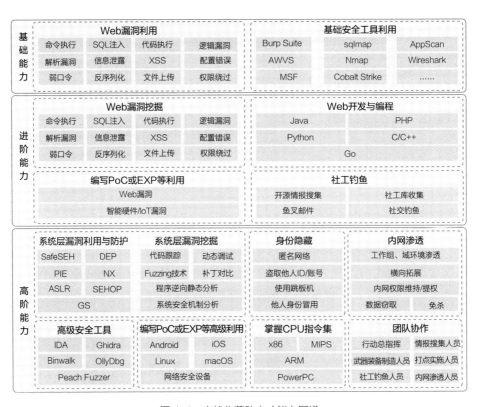

图 4-1　实战化蓝队人才能力图谱

4.2.1　基础能力

基础能力主要包含 Web 漏洞利用能力和基础安全工具利用能力两类。

（1）Web 漏洞利用能力

Web 漏洞利用能力即利用 Web 系统或程序的安全漏洞实施网络攻击的能力。由于 Web 系统是绝大多数机构业务系统或对外服务系统的构建形式，所以 Web 漏洞利用也是最常见、最基础的网络攻击形式之一。在实战攻防演练中，蓝队常用的 Web 漏洞形式有命令执行、代码执行、解析漏洞、XSS、弱口令、文件上传、SQL 注入、逻辑漏洞、信息泄露、配置错误、反序列化、权限绕过等。

（2）基础安全工具利用能力

主要包括 Burp Suite、sqlmap、AppScan、AWVS、Nmap、Wireshark、MSF、Cobalt Strike 等基础安全工具的利用能力。熟练的工具利用能力是高效开展渗透工作的保障。

4.2.2 进阶能力

进阶能力主要包括 Web 漏洞挖掘、Web 开发与编程、编写 PoC 或 EXP 等利用、社工钓鱼四类。

（1）Web 漏洞挖掘

Web 漏洞挖掘能力主要是对 Web 系统或软件进行漏洞挖掘的能力。在蓝队挖掘的 Web 应用漏洞中，比较常见的漏洞形式有命令执行、代码执行、解析漏洞、XSS、弱口令、文件上传、SQL 注入、逻辑漏洞、信息泄露、配置错误、反序列化、权限绕过等。

（2）Web 开发与编程

掌握一门或几门编程语言，是蓝队人员深入挖掘 Web 应用漏洞、分析 Web 站点及业务系统运行机制的重要基础能力。在实战攻防演练中，蓝队最常遇到、需要掌握的编程语言有 Java、PHP、Python、C/C++、Go 等。

（3）编写 PoC 或 EXP 等利用

PoC 是 Proof of Concept 的缩写，即概念验证，特指为了验证漏洞存在而编写的代码。有时也被用作 0day、Exploit（漏洞利用）的别名。

EXP 是 Exploit 的缩写，即漏洞利用代码。一般来说，有漏洞不一定有 EXP，而有 EXP，就肯定有漏洞。

PoC 和 EXP 的概念仅有细微的差别，前者用于验证，后者则是直接利用。自主编写 PoC 或 EXP，要比直接使用第三方编写的漏洞利用工具或成熟的漏洞利用代码困难得多。但对于很多没有已知利用代码的漏洞或 0day 漏洞，自主编写 PoC 或 EXP 就显得非常重要了。

此外，针对不同的目标或在不同的系统环境中，编写 PoC 或 EXP 的难度也不同。针对 Web 应用和智能硬件 /IoT 设备等，编写 PoC 或 EXP 相对容易，属于进阶能力；而针对操作系统或安全设备编写 PoC 或 EXP 则更加困难，属于高阶能力。

（4）社工钓鱼

社工钓鱼，既是实战攻防演练中经常使用的作战手法，也是黑产团伙或黑客组织最常使用的攻击方式。在很多情况下，攻击人要比攻击系统容易得多。社工钓鱼的方法和手段多种多样。在实战攻防演练中，最为常用，也是最为实用的技能主要有四种：开源情报搜集、社工库搜集、鱼叉邮件和社交钓鱼。其中，前两个属于情报搜集能力，而后两个则属于攻防互动能力。

1）开源情报搜集。开源情报搜集能力是指在公开的互联网信息平台上合法搜集目标机构的关键情报信息的能力。例如，新闻媒体、技术社区、企业官网、客户资源平台等公开信息分享平台都是开源情报搜集的重要渠道。蓝队可以通过开源情报搜集，获取诸如企业员工内部邮箱、联系方式、企业架构、供应链名录、产品代码等关键情报信息。这些信息都可以为进一步的攻击提供支撑。

开源情报搜集是蓝队首要的情报搜集方式，其关键在于要从海量网络信息中找到并筛选出有价值的情报信息组合。通常情况下，单一渠道公开的机构信息大多没有什么敏感性和保密性，价值有限，但如果将不同渠道的多源信息组合起来，就能够形成非常有价值的情报信息。当然，不排除某些机构会不慎将内部敏感信息泄露在互联网平台上。蓝队在互联网平台上直接找到机构内部开发代码，找到账号密码本的情况也并不少见。

2）社工库搜集。社工库搜集能力是指针对特定目标机构社工库信息的搜集能力。

所谓社工库，通常是指含有大量用户敏感信息的数据库或数据包。用户敏感信息包括但不限于账号、密码、姓名、身份证号、电话号码、人脸信息、指纹信息、行为信息等。由于这些信息非常有助于攻击方针对特定目标设计有针对性的社会工程学陷阱，因此将这些信息集合起来的数据包或数据库就被称为社会工程学库，简称社工库。

社工库是地下黑产或暗网上交易的重要标的物。不过，在实战攻防演练中，蓝队所使用的社工库资源必须兼顾合法性问题，这就比黑产团伙建立社工库的难度要大得多。

3）鱼叉邮件。鱼叉邮件能力是指通过制作和投递鱼叉邮件，实现对机构内部特定人员有效欺骗的一种社工能力。

鱼叉邮件是针对特定组织机构内部特定人员的定向邮件欺诈行为，目的是窃取机密数据或系统权限。鱼叉邮件有多种形式，可以将木马程序作为邮件的附件发送给特定的攻击目标，也可以构造特殊的、有针对性的邮件内容诱使目标人回复或点击钓鱼网站。鱼叉邮件主要针对的是安全意识或安全能力不足的机构内部员工。不过，某些设计精妙的鱼叉邮件，即便是有经验的安全人员也难以识别。

4）社交钓鱼。社交钓鱼一般建立在使人决断产生认知偏差的基础上，也是网络诈骗活动的主要方法，但在以往的实战攻防演练中还很少使用。随着防守方能力的不断提升，直接进行技术突破的难度越来越大，针对鱼叉邮件也有了很多比较有效的监测方法，于是近两年社交钓鱼方法的使用越来越多了。

4.2.3　高阶能力

高阶能力主要包括系统层漏洞利用与防护、系统层漏洞挖掘、身份隐藏、内网渗透、掌握 CPU 指令集、高级安全工具、编写 PoC 或 EXP 等高级利用以及团队协作八大类。

1. 系统层漏洞利用与防护

为应对各种各样的网络攻击，操作系统内部有很多底层的安全机制。而每一种安全机制，都对应了一定形式的网络攻击方法。对于蓝队人员来说，学习和掌握底层的系统安全机制，发现程序或系统中安全机制设计的缺陷或漏洞，是实现高水平网络攻击的重要基础。实战攻防演练中，最实用且最常用的系统层安全机制有以下 7 种。

1）SafeSEH。SafeSEH 是 Windows 操作系统的一种安全机制，专门用于防止异常处理函数被篡改。在程序调用异常处理函数之前，SafeSEH 会对要调用的异常处理函数进行一系列的有效性校验。如果发现异常处理函数不可靠或存在安全风险，应立即终止异常处理函数的调用。如果 SafeSEH 机制设计不完善或存在缺欠，就有可能被攻击者利用、欺骗或绕过。当系统遭到攻击时，程序运行就会出现异常，并触发异常处理函数。而要使攻击能够继续进行，攻击者就常常需要伪造或篡改系统异常处理函数，使系统无法感知到异常的发生。

蓝队的 SafeSEH 能力是指掌握 SafeSEH 的技术原理，能够发现程序或系统中 SafeSEH 机制的设计缺陷，并加以利用实施攻击的能力。

2）DEP。DEP（Data Execution Protection，数据执行保护）的作用是防止数据页内的数据被当作可执行代码执行，引发安全风险。从计算机内存的角度看，对数据和代码的处理并没有明确区分，只不过在系统的调度下，CPU 会对于不同内存区域中的不同数据进行不一样的计算而已。这就使得系统在处理某些经过攻击者精心构造的数据时，会误将其中的一部分"特殊数据"当作可执行代码执行，从而触发恶意命令的执行。而 DEP 机制设计的重要目的就是防止这种问题的发生；如果 DEP 机制设计不完善或存在缺欠，就有可能被攻击者所利用、欺骗或绕过。

蓝队的 DEP 能力是指掌握 DEP 的技术原理，能够发现程序或系统中 DEP 机制的设计缺陷，并加以利用实施攻击的能力。

3）PIE。PIE（Position-Independent Executable，地址无关可执行文件）与 PIC（Position-Independent Code，地址无关代码）含义基本相同，是 Linux 或

Android 系统中动态链接库的一种实现技术。

蓝队的 PIE 能力是指掌握 PIE 的技术原理，能够发现程序或系统中 PIE 机制的设计缺陷，并加以利用实施攻击的能力。

4）NX。NX（No-eXecute，不可执行）是 DEP 技术中的一种，作用是防止溢出攻击中，溢出的数据被当作可执行代码执行。NX 的基本原理是将数据所在内存页标识为不可执行，当操作系统读到这段溢出数据时，就会抛出异常，而非执行恶意指令。如果 NX 机制设计不完善或存在缺欠，就可以被攻击者利用并发动溢出攻击。

蓝队的 NX 能力是指掌握 NX 的技术原理，能够发现程序或系统中 NX 机制的设计缺陷，并加以利用实施攻击的能力。

5）ASLR。ASLR（Address Space Layout Randomization，地址空间随机化）是一种操作系统用来抵御缓冲区溢出攻击的内存保护机制。这种技术使得系统上运行的进程的内存地址无法预测，使与这些进程有关的漏洞变得更加难以利用。

蓝队的 ASLR 能力是指掌握 ASLR 的技术原理，能够发现程序或系统中 ASLR 机制的设计缺陷，并加以利用实施攻击的能力。

6）SEHOP。SEHOP 是 Structured Exception Handler Overwrite Protection 的缩写，意为结构化异常处理覆盖保护。其中，结构化异常处理是指按照一定的控制结构或逻辑结构对程序进行异常处理的一种方法。如果结构化异常处理链表上的某一个或多个节点被攻击者精心构造的数据所覆盖，就可能导致程序的执行流程被控制，这就是 SEH 攻击。而 SEHOP 就是 Windows 操作系统中针对这种攻击给出的一种安全防护方案。

蓝队的 SEHOP 能力是指蓝队掌握 SEHOP 的技术原理，能够发现程序或系统中 SEHOP 机制的设计缺陷，并加以利用实施攻击的能力。

7）GS。GS 意为缓冲区安全性检查，是 Windows 缓冲区的安全监测机制，用于防止缓冲区溢出攻击。缓冲区溢出是指当计算机向缓冲区内填充数据位数时，填充的数据超过了缓冲区本身的容量，溢出的数据就会覆盖合法数据。理想的情况是：程序会检查数据长度，并且不允许输入超过缓冲区长度的字符。但是很多程序会假设数据长度总是与所分配的储存空间相匹配，这就埋下了缓冲区溢出隐患，即缓冲区溢出漏洞。GS 的作用就是通过对缓冲区数据进行各种校验，防止缓冲区溢出攻击的发生。

蓝队的 GS 能力是指蓝队掌握 GS 的技术原理，能够发现程序或系统中 GS 机制的设计缺陷，并加以利用实施攻击的能力。

2. 系统层漏洞挖掘

系统层漏洞的挖掘需要很多相对高级的漏洞挖掘方法。从实战角度看，以下 6 种挖掘方法最为实用：代码跟踪、动态调试、Fuzzing 技术、补丁对比、软件逆向静态分析、系统安全机制分析。

1）代码跟踪。代码跟踪是指通过自动化分析工具和人工审查结合的方式，对程序源代码逐条进行检查分析，发现其中的错误信息、安全隐患和规范性缺陷，以及由这些问题引发的安全漏洞，并提供代码修订措施和建议。

2）动态调试。动态调试原指程序作者利用集成环境自带的调试器跟踪程序的运行，来协助解决程序中的错误。不过，对于蓝队来说，动态调试通常是指这样一种分析方法：使用动态调试器（如 OllyDbg、x64Dbg 等），为可执行程序设置断点，通过监测目标程序在断点处的输入 / 输出及运行状态等信息，来反向推测程序的代码结构、运行机制及处理流程等，进而发现目标程序中的设计缺陷或安全漏洞。

3）Fuzzing 技术。Fuzzing 技术是一种基于黑盒（或灰盒）的测试技术，通过自动化生成并执行大量的随机测试用例来触发程序或系统异常，进而发现产品或协议的未知缺陷或漏洞。

4）补丁对比。每一个安全补丁都会对应一个或多个安全漏洞。通过对补丁文件的分析，往往可以还原出相应漏洞的原理或机制。而利用还原出来的漏洞，就可以对尚未打上相关补丁的程序或系统实施有效攻击。而补丁对比是实战环境下，补丁分析的一种常用的、有效的方式。补丁对比是指对原始文件和补丁文件分别进行反汇编，然后对反汇编后的文件做比较找出其中的差异，从而发现潜在漏洞的一种安全分析方法。

5）程序逆向静态分析。程序逆向静态分析是指对程序实施逆向工程，之后对反编译的源码或二进制代码文件进行分析，进而发现设计缺陷或安全漏洞的一种安全分析方法。

对于开放源代码的程序，通过检测程序中不符合安全规则的文件结构、命名规则、函数、堆栈指针等，就可以发现程序中存在的安全缺陷。被分析目标没有附带源程序时，就需要对程序进行逆向工程，获取类似于源代码的逆向工程代码，然后再进行检索和分析，这样也可以发现程序中的安全漏洞。这就是程序逆向静态分析。

程序逆向静态分析，也叫反汇编扫描，由于采用了底层的汇编语言进行漏洞分析，理论上可以发现所有计算机可运行的漏洞。对于不公开源代码的程序来说，这种方法往往是最有效的发现安全漏洞的办法。

6）系统安全机制分析。系统安全机制就是指在操作系统中，利用某种技术、某些软件来实施一个或多个安全服务的过程，主要包括标识与鉴别机制、访问控制机制、最小特权管理机制、可信通路机制、安全审计机制，以及存储保护、运行保护机制等。

系统安全机制分析是指对操作系统的各种安全机制进行分析，进而发现系统设计缺陷或安全漏洞的方法。

3. 身份隐藏

为避免自己的真实 IP、物理位置、设备特征等信息在远程入侵的过程中被网络安全设备记录，甚至被溯源追踪，攻击者一般都会利用各种方式来进行身份隐藏。在实战攻防演练中，蓝队所采用的身份隐藏技术主要有以下几类：匿名网络、盗取他人 ID/ 账号、使用跳板机、他人身份冒用和利用代理服务器等。

1）匿名网络。匿名网络泛指信息接收者无法对信息发送者进行身份定位与物理位置溯源，或溯源过程极其困难的通信网络。这种网络通常是在现有的互联网环境下，通过使用由特定的通信软件组成的特殊虚拟网络，实现发起者的身份隐藏。其中以 Tor 网络（洋葱网络）为代表的各类暗网是比较常用的匿名网络。

蓝队的匿名网络能力是指使用匿名网络对目标机构发起攻击，并有效隐藏自己身份或位置信息的能力。

2）盗取他人 ID/ 账号。盗取他人 ID/ 账号，攻击者既可以获取与 ID/ 账号相关的系统权限，进而实施非法操作，也可以冒充 ID/ 账号所有人的身份进行各种网络操作，从而达到隐藏身份的目的。不过，在实战攻防演练中，通常不允许随意盗取与目标机构完全无关人员的 ID/ 账号。

蓝队的盗取他人 ID/ 账号能力是指盗取目标机构及其相关机构内部人员 ID/账号，以实现有效攻击和身份隐藏的能力。

3）使用跳板机。使用跳板机是指攻击者并不直接对目标发起攻击，而是利用中间主机作为跳板机，经过预先设定的一系列路径对目标进行攻击的一种攻击方法。使用跳板机的原因主要有两方面：一是受到内网安全规则的限制，目标机器可能直接不可达，必须经过跳板机才能间接访问；二是使用跳板机，攻击者可以在一定程度上隐藏自己的身份，使系统中留下的操作记录多为跳板机所为，从而增加防守方溯源分析的难度。

蓝队使用跳板机的能力是指入侵机构内部网络，获得某些主机控制权限，并以此为跳板，实现内网横向拓展的技术能力。

4）他人身份冒用。他人身份冒用是指通过技术手段欺骗身份识别系统或安全分析人员，进而冒用他人身份完成登录系统、执行非法操作及投放恶意程序等攻击行为。这里所说的他人身份冒用技术不包括前述的盗取他人 ID/ 账号。

蓝队的他人身份冒用能力是指使用各种技术手段冒用他人身份入侵特定系统的技术能力。

5）利用代理服务器。代理服务器是指专门为其他联网设备提供互联网访问代理的服务器设备。在不使用代理服务器的情况下，联网设备会直接与互联网相连，并从运营商那里分配到全网唯一的 IP 地址；而在使用代理服务器的情况下，联网设备则首先访问代理服务器，再通过代理服务器访问互联网。代理服务器的设计，最初是为了解决局域网内用户连接互联网的需求而提出的，局域网内的所有计算机都通过代理服务器与互联网上的其他主机进行通信。被通信的主机或服务器只能识别出代理服务器的地址，而无法识别出是局域网内的哪一台计算机在与自己通信。

在实战攻防演练中，蓝队使用代理服务器联网，就可以在一定程度上隐藏自己的 IP 地址和联网身份，增加防守方的溯源难度和 IP 封禁难度。在某些情况下，攻击者甚至还会设置多级代理服务器，以实现更深的身份隐藏。

蓝队的利用代理服务器能力是指在攻击过程中，使用一级或多级代理服务器实现身份隐藏的能力。

4. 内网渗透

内网渗透是指在蓝队已经完成边界突破，成功入侵政企机构内部网络之后，在机构内部网络中实施进一步渗透攻击，逐层突破内部安全防护机制，扩大战果或最终拿下目标系统的攻击过程。在实战攻防演练中，蓝队比较实用的内网渗透能力包括工作组或域环境渗透、内网权限维持 / 提权、横向拓展、数据窃取和免杀等。

1）工作组、域环境渗透。工作组和域环境都是机构内部网络结构的基本概念。工作组通常是指一组相互联结、具有共同业务或行为属性的终端（计算机）集合。组内终端权限平等，没有统一的管理员或管理设备。通常来说，工作组的安全能力上限取决于每台终端自身的安全能力。域环境则是由域控服务器创建的，具有统一管理和安全策略的联网终端的集合，域控服务器和域管理员账号具有域内最高权限。通常来说，域环境的安全性要比工作组高很多，但如果域管理员账号设置了弱口令或者域控服务器存在安全漏洞，也有可能导致域控服务器被攻击者劫持，进而导致域内所有设备全部失陷。出于安全管理的需要，大型机构的内部网络一般都会被划分为若干个域环境，不同的域对应不同的业务和终端，执行不同的网络和安全管理策略。而在一些网络管理相对比较松散的机构中，内网中也可能只有若干个工作组，而没有域环境。

蓝队的工作组、域环境渗透能力是指掌握内网环境中工作组或域环境的运行管理机制，发现其中的设计缺陷或安全漏洞，并加以利用实施攻击的能力。

2）内网权限维持／提权。攻击者通常是以普通用户的身份接入网络系统或内网环境，要实现攻击就需要提升自身的系统权限，并且使自身获得的高级系统权限能够维持一定的时间，避免被系统或管理员降权。提升系统权限的操作简称提权，维持系统权限的操作简称权限维持。在实战环境下，系统提权的主要方式包括本地提权、利用系统漏洞提权、利用应用漏洞提权、获取密码／认证提权等。

蓝队的内网权限维持／提权能力是指在内网环境中，利用各种安全设计缺陷或安全漏洞，提升自己的系统权限以及维持提权有效性的技术能力。

3）横向拓展。横向拓展通常是指攻击者攻破某台内网终端／主机设备后，以之为基础，对相同网络环境中的其他设备发起的攻击活动，但也常常被用来泛指攻击者进入内网后的各种攻击活动。

蓝队的横向拓展能力是泛指以内网突破点为基础，逐步扩大攻击范围，攻破更多内网设备或办公、业务系统的技术能力。

4）数据窃取。对机密或敏感数据的窃取，是实战攻防演练中最常见的预设目标之一，也是黑客针对政企机构的网络攻击活动的主要目的之一。一般来说，机构内部的很多办公系统、业务系统、生产系统中会有专门的服务器或服务器集群用于存储核心数据，数据服务器的防护一般会比其他网络设备更加严密。

蓝队的数据窃取能力是指熟练掌握服务器的数据库操作，在内网中找到机构的核心系统数据服务器，获取服务器访问或管理权限，在防守方不知情的情况下将数据窃取出来并秘密外传的技术能力。

5）免杀技术。免杀（Anti Anti-Virus）是高级的网络安全对抗方式，是各种能使木马病毒程序免于被杀毒软件查杀的技术的总称，可以使攻击者编写的木马病毒程序在目标主机上秘密运行，不被发现。免杀技术要求开发人员不仅要具备木马病毒的编写能力，还需要对各种主流安全软件的运行框架、杀毒引擎的工作原理、操作系统的底层机制、应用程序的白利用方式等有非常深入的了解，并能据此编写对抗代码。使用免杀技术，对于蓝队人员的基础能力要求非常之高。

蓝队的免杀技术能力是指编写木马病毒程序实现免杀的技术能力。

5. 掌握 CPU 指令集

CPU 指令集，即 CPU 中用来计算和控制计算机系统的一套指令的集合。每一种 CPU 在设计时都会有一系列与其他硬件电路相配合的指令系统。指令系统包括指令格式、寻址方式和数据形式。一台计算机的指令系统反映了该计算机的全部功能。机器类型不同，其指令集也不同。而蓝队人员对 CPU 指令集的掌握程度，将直接决定蓝队进行系统层漏洞挖掘与利用的能力水平。目前，最为常见的 CPU 指令集有 x86、MIPS、ARM 和 PowerPC。

1）x86。x86 一般指英特尔 x86。x86 指令集是英特尔为其 CPU 专门开发的指令集合。通过分析 x86 指令集可以找到英特尔下相关软件或系统的运行机制，从而通过指令实现底层攻击。

2）MIPS。MIPS（Microcomputer without Interlocked Pipeline Stages，无互锁流水级微处理器）技术是 MIPS 公司（著名芯片设计公司）设计开发的一系列精简指令系统计算结构，最早是在 20 世纪 80 年代初期由斯坦福大学 Hennessy 教授领导的研究小组研制出来的。MIPS 由于授权费用低，被英特尔外的大多数厂商使用。通过分析 MIPS 指令集可以找到除英特尔外大多厂商（多见于工作站领域）的软件或系统运行机制，从而通过指令实现底层攻击。

3）ARM。ARM（Advanced RISC Machines），即 ARM 处理器，是英国 Acorn 公司设计的第一款低功耗 RISC（Reduced Instruction Set Computer，精简指令集计算机）微处理器。ARM 指令集是指计算机 ARM 操作指令系统。ARM 指令集可以分为跳转指令、数据处理指令、程序状态寄存器处理指令、加载 / 存储指令、协处理器指令和异常产生指令六大类。

4）PowerPC。PowerPC（Performance Optimization With Enhanced RISC-Performance Computing）是一种精简指令集架构的中央处理器，其基本的设计源自 POWER 架构。POWER 架构是 1991 年由 AIM 联盟（Apple、IBM、Motorola）发展出的微处理器架构。PowerPC 处理器有广泛的实现范围，从高端服务器 CPU（如 Power4）到嵌入式 CPU 市场（如任天堂游戏机）。但自 2005

年起，苹果旗下电脑产品转用英特尔 CPU。

6. 高级安全工具

高级安全工具同样是蓝队的必修课，只不过这些工具对于使用者有更高的基础技能要求，初学者不易掌握。在实战化环境中，最常用的工具有 IDA、Ghidra、Binwalk、OllyDbg、Peach Fuzzer 等。

1）IDA。IDA 是一个专业的反汇编工具，是安全渗透人员进行逆向安全测试的必备工具，具有静态反汇编和逆向调试等功能，能够帮助安全测试人员发现代码级别的高危安全漏洞。

2）Ghidra。Ghidra 是一款开源的跨平台软件逆向工具，目前支持的平台有 Windows、macOS 及 Linux，提供反汇编、汇编、反编译等多种功能。Ghidra P-Code 是专为逆向工程设计的寄存器传输语言，能够对许多不同的处理器进行建模。

3）Binwalk。Binwalk 是一个文件扫描、提取、分析工具，可以用来识别文件内包含的内容和代码。Binwalk 不仅可以对标准格式文件进行分析和提取，还能对非标准格式文件进行分析和提取，包括压缩文件、二进制文件、经过删节的文件、经过变形处理的文件、多种格式相融合的文件等。

4）OllyDbg。OllyDbg 是一款强大的反汇编工具，结合了动态调试与静态分析等功能。它是一个用户模式调试器，可识别系统重复使用的函数并将其参数注释。OllyDbg 还可以调试多线程应用程序，从一个线程切换到另一个线程、挂起、恢复和终止，或改变它们的优先级。

5）Peach Fuzzer。Peach Fuzzer 是一款智能模糊测试工具，广泛用于发现软件中的缺陷和漏洞。Peach Fuzzer 有两种主要模式：基于生长的模糊测试和基于变异的模糊测试。

7. 编写 PoC 或 EXP 等高级利用

前文已经介绍了 PoC 和 EXP 的概念，这里不再赘述。相较于针对 Web 应用和智能硬件 /IoT 设备编写 PoC 或 EXP，针对各种类型的操作系统和安全设备编写 PoC 或 EXP 要更加困难。高阶能力中，比较受关注的操作系统平台有 Android、iOS、Linux、macOS。

1）Android 平台代码能力。Android 是由谷歌公司和开放手机联盟领导及开发的操作系统，主要用于移动设备，如智能手机和平板电脑上。这里 Android 平台代码能力代指在 Android 操作系统上找到漏洞并利用漏洞编写 PoC 或 EXP 的能力。

2）iOS 平台代码能力。iOS 是由苹果公司开发的移动操作系统，主要用于 iPhone、iPod touch、iPad 上。这里 iOS 平台代码能力代指在 iOS 操作系统上找到漏洞并利用漏洞编写 PoC 或 EXP 的能力。

3）Linux 平台代码能力。Linux 主要用于服务器的操作系统，Ubuntu、CentOS 等均属基于 Linux 内核基础上开发的操作系统。这里 Linux 平台代码能力代指在 Linux 操作系统上找到漏洞并利用漏洞编写 PoC 或 EXP 的能力。

4）macOS 平台代码能力。macOS 是由苹果公司开发的操作系统，主要用于 Macintosh 系列电脑上。macOS 的架构与 Windows 不同，很多针对 Windows 的电脑病毒在 macOS 上都无法攻击成功。这里 macOS 平台代码能力代指在 macOS 操作系统上找到漏洞并利用漏洞编写 PoC 或 EXP 的能力。

在实战化环境中，经常会使用的网络安全设备和系统有 IP 密码机、安全路由器、线路密码机、防火墙、安全服务器、公开密钥基础设施（PKI）系统、授权证书（CA）系统、安全操作系统、防病毒软件、网络 / 系统扫描系统、入侵检测系统、网络安全预警与审计系统等。网络安全设备本身也会存在各种各样的安全漏洞，在近年来的实战攻防演练中，对此类漏洞的利用越来越多。这里网络安全设备代指在各类网络安全设备中找到漏洞并利用漏洞编写 PoC 或 EXP 的能力。

8. 团队协作

攻击队主要包含行动总指挥、情报搜集人员、武器装备制造人员、打点实施人员、社工钓鱼人员、内网渗透人员等角色。随着实战攻防演练的不断深入，防守队的整体能力持续提升，这就使得攻击队人员凭个人能力单打独斗取得胜利的希望越来越小。而由 3～5 人组成的攻击小队，通过分工协作高效完成攻击行动的模式越来越成熟。是否拥有团队协作的作战经验，团队中各成员分别扮演什么样的角色，是蓝队实战化能力的重要指标。

团队作战，成功的关键是协作与配合。通常来说，每支攻击队的成员都会有非常明确的分工和角色。在实战攻防演练中，攻击队比较常见的角色分工主要有 6 种，分别是行动总指挥、情报搜集人员、武器装备制造人员、打点实施人员、社工钓鱼人员和内网渗透人员。

1）行动总指挥：通常是攻击队中综合能力最强的人，需要有较强的组织意识、应变能力和丰富的实战经验。负责策略制订、任务分发、进度把控等。

2）情报搜集人员：负责情报侦察和信息搜集，搜集的内容包括但不限于目标系统的组织架构、IT 资产、敏感信息泄露、供应商信息等。

3）武器装备制造人员：负责漏洞挖掘及工具编写，是攻击队的核心战斗力量，不仅要能找到并利用漏洞，还要力求在不同环境下达到稳定、深入的漏洞利用。

4）打点实施人员：负责获取接入点，进行 Web 渗透等。找到薄弱环节后，利用漏洞或社工等方法，获取外网系统控制权限；之后寻找和内网连通的通道，建立据点（跳板）。

5）社工钓鱼人员：负责社工攻击。利用人的安全意识不足或安全能力不足等弱点，实施社会工程学攻击，通过钓鱼邮件或社交平台等进行诱骗，进而打入内网。

6）内网渗透人员：负责进入内网后的横向拓展。利用情报搜集人员的情报结合其他弱点来进行横向拓展，扩大战果。尝试突破核心系统权限，控制核心任务，获取核心数据，最终完成目标突破工作。

蓝队经典攻击实例

实战攻防演练中红队网络的部署情况各有特点，蓝队也会根据攻击目标的不同而采取不同的攻击策略和手段。下面几个案例展示的就是针对红队网络的不同薄弱点采取的不同的典型攻击策略与方法手段。

5.1 正面突破：跨网段控制工控设备

某企业为一家国内的大型制造业企业，其内部生产网大量使用双网卡技术实现网络隔离。在本次实战攻防演练中，攻击队的目标是获取该企业工控设备的控制权限。

经过前期的情报搜集与分析，攻击队制定了首先突破办公内网，再通过办公内网渗透进入工控网的战略部署。

（1）突破办公内网

攻击队首先选择将该企业的门户网站作为突破口，并利用一个 0day 漏洞获取了该门户网站的应用及操作系统的管理员权限，从而获取到该企业办公内网的接入权限。

在横向拓展过程中，攻击队又探测到该企业内网中的多个服务系统和多台服务器。使用已经获得的门户网站管理员账号和密码进行撞库攻击，成功登录并控制了该企业内网中的绝大多数服务器。这表明，该企业内网中有大量系统服务器使用了相同的管理员账号和密码。

至此，攻击队突破办公网的第一阶段目标顺利完成，并取得了巨大的战果。接下来的目标就是找到工控网络的突破口。

（2）定位运维人员

经过对已攻破服务器系统的全面排查，攻击队发现，有多台服务器中存储了用 Excel 明文记录的密码本，密码本中包含所有系统用户的账号和密码。同时，服务器上还明文存储了大量内部敏感文件，包括企业 IT 部门的组织架构等信息。结合组织架构及密码本信息，攻击队成功定位到一位工控系统的运维人员，并对其联网行为展开长时间的监控。

（3）突破工控网

经过一段时间的监控，攻击队发现该运维人员的办公终端上有嵌套使用远程桌面的情况：首先通过远程桌面登录一台主机 A，继而又用主机 A 通过远程桌面登录另一网段的主机 B。通过与密码本比对，发现主机 A 和 B 都是该企业工控系统中的主机设备，但处于网络拓扑结构中的不同层级。其中，主机 B 之下连有关键的工控设备。

进一步分析发现：主机 A 使用了双网卡，两个网卡分别对应不同网段，但它们之间没有采取任何隔离措施；主机 B 也是一台双网卡主机，其上部署了隔离卡软件用于双网卡切换。

最终，攻击队发现了主机 B 上隔离卡软件的一个重大设计缺陷，并利用该缺陷成功绕过双网卡的隔离机制，成功获取到工控设备的操作权限，可以随意停止、启动、复位相应的工控设备，某些操作可对设备的生产过程造成直接且严重的伤害。

同时，攻击队的另一组人马继续摸排受控主机的用途和存储文件。功夫不负有心人，攻击队最终又发现一台名为"生产主操作室"的主机设备，其上存储有生产专用的文件，其中有一些涉密文件，这些涉密文件一旦被窃取，后果难以想象。

5.2　浑水摸鱼：社工钓鱼，突破系统

某企业为一家国内的大型国有企业，该企业部署了比较完善的网络安全防护设备。在本次实战攻防演练中，攻击队的目标是获取该企业财务系统的控制权限。

经过前期的情报搜集与分析，目标企业外网的开放系统非常少，也没有可利用的漏洞，很难直接突破目标外网，于是攻击队将突破重点放在了钓鱼上。

（1）破解员工邮箱密码

攻击队通过网上搜索以及搜索一些开源社工库，搜集到一批目标企业的工作人员邮箱列表。掌握这批邮箱列表后，攻击队便根据已泄露的密码规则、123456 和 888888 等常见弱口令、用户名与密码相同、用户名 123 这种弱口令生成了一份弱口令字典。利用 hydra 等工具进行爆破，攻击队成功破解一名员工的邮箱密码。

（2）改造和伪装钓鱼邮件

攻击队对该名员工的来往邮件进行分析后发现，他是 IT 技术部员工。查看该邮箱发件箱，看到他发过一封邮件，邮件标题和附件如下。

标题：关于员工关掉 445 端口以及 3389 端口的操作过程
附件：操作流程 .zip

攻击队决定浑水摸鱼，在此邮件的基础上进行改造和伪装，构造钓鱼邮件，邮件标题和附件如下。其中，zip 文件为带有木马的压缩文件。

标题：关于员工关掉 445 端口以及 3389 端口的操作补充

附件：操作流程补充 .zip

（3）根据身份精准钓鱼

为提高攻击成功率，通过对目标企业员工的分析，攻击队决定向财务部门以及几个与财务相关的部门群发邮件。

攻击队发送了一批邮件，有好几个企业员工都被骗，打开了附件。控制了更多的主机，继而便控制了更多的邮箱。在钓鱼邮件的制作过程中，攻击队灵活根据目标的角色和特点来构造。譬如在查看邮件过程中，发现如下邮件：

尊敬的各位领导和同事，发现钓鱼邮件事件，内部定义为 19626 事件，请大家注意后缀为 .exe、.bat 等的邮件附件。

攻击队同样采用浑水摸鱼的策略，利用以上邮件为母本，以假乱真地构造以下邮件继续钓鱼：

尊敬的各位领导和同事，近期发现大量钓鱼邮件，以下为检测程序……
附件：检测程序 .zip

通过不断地获取更多的邮箱权限、系统权限，根据目标角色针对性地设计钓鱼邮件，攻击队最终成功拿下目标。

5.3 偷梁换柱：冒充客户，突破边界

某大型设备制造企业具有比较成熟的互联网服务经验。在本次实战攻防演练中，攻击队的目标是获取该企业的一个核心业务管控平台的控制权限。

攻击队在前期的情报搜集工作中发现，该企业内部的网络防御体系比较健全，正面突破比较困难。经过头脑风暴，大家达成共识——通过社工方法迂回入侵。

（1）寻找社工突破口

攻击队首先想到的社工方法也是最常见的邮件钓鱼。但考虑到该企业相对

完善的网络防御体系，猜测其内网中很可能已经部署了邮件检测类的防御手段，简单地使用邮件钓鱼，很有可能会被发现。

进一步的情报搜集发现，该企业使用了微信客服平台，而且微信客服平台支持实时聊天和发送文件。考虑到客服人员一般没有很强的技术功底，安全意识相对薄弱，攻击队最终商定：将社工对象确定为微信客服人员，并以投诉为话题尝试对客服人员进行钓鱼（见图 5-1）。

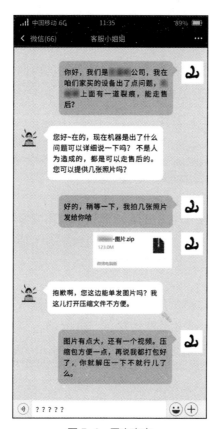

图 5-1　冒充客户

（2）冒充客户反馈问题

于是，一名攻击队队员开始冒充客户，在该企业的微信客服平台上留言投诉，并要求客服人员接收名为"证据视频录像"的压缩文件包。该压缩包实际上是攻击队精心伪造的带有木马程序的文件包。让攻击队意想不到的是，该客服人员以安全为由，果断拒绝接收来源不明的文件。显然，攻击队低估了该企业客服人员的安全素养。

（3）社工升级攻破心理防线

不过，攻击队并没有放弃，而是进一步采用多人协作的方式，对当班客服人员进行了轮番轰炸，要求客服人员报上工号，并威胁将要对其客服质量进行投诉。经过1个多小时的拉锯战，客服人员的心理防线被攻破，最终接收了带毒压缩包，并打开了木马文件。该客服人员的终端设备最终被控制。

以受控终端为据点，攻击队成功打入该企业的内网，后又利用一个未能及时修复的系统漏洞获取到关键设备的控制权限，再结合从内网搜集到的信息，最终成功获取到管控平台的权限。

5.4 声东击西：混淆流量，躲避侦察

某关键行业大型国有企业，配备了较强的网络安全团队进行安全防护。在本次实战攻防演练中，攻击队的目标是获取该企业工控系统等核心平台的控制权限。

在有红队（防守方）参与的实战攻防工作，尤其是有红队排名或通报机制的工作中，红队与蓝队通常会发生对抗。IP封堵与绕过、WAF拦截与绕过、Webshell查杀与免杀，红蓝之间通常会展开没有硝烟的战争。

（1）激烈攻防，难以立足

蓝队创建的跳板几个小时内就被阻断了，上传的Webshell过不了几个小时就被查杀了。蓝队打到哪儿，红队就根据流量威胁审计跟到哪儿，不厌其烦，蓝队始终在目标的外围打转。

（2）分析系统，制订方案

没有一个可以维持的据点，就没办法进一步开展内网突破。蓝队开展了一

次头脑风暴，归纳和分析流量威胁审计的天然弱点，以及红队有可能出现的人员数量及技术能力不足等情况，并制定了一套声东击西的攻击方案。

具体方法是：找到多个具有直接获取权限漏洞的系统，正面用大流量进攻某个系统，吸引火力，侧面尽量减少流量直接获取权限并快速突破内网。

蓝队通过信息搜集找到目标企业的某个外网 Web 应用，并通过代码审计开展漏洞挖掘工作，发现多个严重的漏洞；另外还找到该企业的一个营销网站，通过开展黑盒测试，发现该网站存在文件上传漏洞。

（3）兵分两路，声东击西

蓝队兵分两路：除队长外的所有成员主攻营销网站，准备了许多分属不同 IP 网段的跳板，不在乎是否被发现，也不在乎是否封堵，甚至连漏洞扫描器都用上了，力求对流量威胁分析系统开启一场规模浩大的"分布式拒绝服务"，让红队的防守人员忙于分析和应对；而队长则悄无声息地用不同的 IP 和浏览器指纹特征对 Web 应用开展渗透，力求用最少的流量拿下服务器，让威胁数据淹没在营销网站的攻击洪水当中（见图 5-2）。

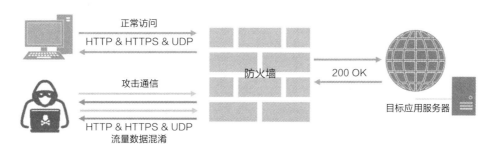

图 5-2　流量数据混淆 WAF 穿透的主要手段

通过这样的攻击方案，蓝队同时拿下营销网站和 Web 应用。在营销网站上的动作更多，包括关闭杀软、提权、安置后门程序、批量进行内网扫描等众多敏感操作；同时在 Web 应用上利用营销网站上获得的内网信息，直接建立据点，开展内网渗透操作。

（4）隐秘渗透，拿下权限

很快红队就将营销网站下线了，并开始根据流量开展分析、溯源和加固工作；而此时蓝队已经在 Web 应用上搭建了 FRP Socks 代理，通过内网横向渗透拿下多台服务器，使用了多种协议木马，并备份了多个通道稳固权限，以防被红队发现或直接踢出局。接下来的几天服务器权限再未丢失，蓝队继续后渗透，拿下域管理员、域控制器，最终拿下目标权限——工控系统等核心平台的控制权限。

在渗透工作收尾的后期，蓝队通过目标企业安全信息中心的员工邮件看到，红队此时依旧在对营销网站产生的数据报警进行分析和上报防守战果等工作，然而该企业的目标系统早已被蓝队拿下了。

5.5　迂回曲折：供应链定点攻击

某超大型企业在实战攻防演练中，攻击队的目标是获取该企业内部系统的安全管控权限。

攻击队通过前期的情报搜集和摸排后发现，该企业的办公网络及核心工业控制系统有非常严密的安全防护，对互联网暴露的业务系统较少，而且业务系统做了安全加固及多层防护，同时拥有较强的日常网络安全运维保障能力。想要正面突破，非常困难。

前期情报分析还显示，该企业虽然规模大、人员多，但并不具备独立的IT 系统研发和运维能力，其核心 IT 系统的建设和运维实际上大多来自外部采购或外包服务。于是，根据这一特点，攻击队制定了从供应链入手的整体攻击策略。

（1）寻找目标供应商

攻击队首先通过检索"喜报""中标""签约""合作""验收"等关键词，在全网范围内，对该企业的供应商及商业合作伙伴进行地毯式排查，最终选定将该企业的专用即时通信系统开发商 A 公司作为主要攻击目标。

情报显示，A 公司为该企业开发的专用即时通信系统刚刚完成。攻击队推测该系统目前尚处于测试阶段，A 公司应该有交付和运维人员长期驻场为该企业提供运维全服务。要是能拿下驻场人员的终端设备，就可以进入该公司的内网系统。

（2）盗取管理员账号

分析发现，A 公司开发的即时通信系统其公司内部也在使用，而该系统的网络服务管理后台存在一个已知的系统安全漏洞。攻击队利用该漏洞获取了服务器的控制权，并通过访问服务器的数据库系统，获取了后台管理员的账号和密码。

（3）定位驻场人员

攻击队使用管理员的账号和密码登录服务器后，发现该系统的聊天记录在服务器上是准明文（低强度加密或变换）存储的，而且管理员可以不受限制地翻阅其公司内部的历史聊天记录。

攻击队对聊天记录进行关键字检索后发现：A 公司有 3 名员工的聊天记录中多次出现目标企业名、OA、运维等字眼，并且这 3 名员工的登录 IP 经常落在目标企业的专属网段上。攻击队由此断定，这 3 名员工就是 A 公司在目标企业的驻场人员。

（4）定向恶意升级包

攻击队最初的设想是，通过被控的即时通信软件服务器，向 3 名驻场人员定向发送恶意升级包。但这种攻击方法需要修改服务器系统配置，稍有不慎就可能扩大攻击面，给演练工作造成不必要的损失，同时也有可能暴露自身的攻击活动。

为实现对 3 名驻场人员进行更加隐蔽的定向攻击，攻击队对 A 公司的即时通信系统进行了更加深入的安全分析，发现其客户端软件对服务器的身份安全验证、对升级包的合法性校验机制都存在设计缺陷。

于是，攻击队利用上述缺陷，通过中间人攻击对服务器推送给 3 名驻场人员的客户端软件升级包进行了劫持和篡改。最终，3 名驻场人员都在没有任何感知的情况下，在各自的 PC 上安装了攻击队伪装设计的恶意升级包。

（5）横向拓展

攻击队以驻场人员的运维机作为跳板机进入内网后，开始横向拓展。

攻击队首先找到了该企业的一台域控服务器，并利用一个最新曝出的域控系统安全漏洞，获取了该主域的域账号和密码的哈希信息。但防守队很快发现了此次攻击，并对该域控服务器进行了隔离。

不过，攻击队并没有放弃，又在内网中找到了一套终端安全管理系统。攻击队经过现场挖掘，找到了该系统的一个新的 0day 漏洞，并利用该漏洞获取了管理员权限。在登录管理系统后台后，攻击方可下发和执行任意命令，能够控制该安全管理系统所辖范围内的所有终端设备。

5.6 李代桃僵：旁路攻击，搞定目标

某企业为大型商贸企业，在全国多个城市拥有子公司。在本次实战攻防演练中，攻击队的目标是获取该企业内部核心平台的控制权限。

（1）外网关闭，无从下手

在攻击过程中，蓝队碰到过很多怪异的事情，比如：有的红队将网站首页替换成一张截图；有的将数据传输接口全部关闭，采用 Excel 表格的方式进行数据导入；有的对内网目标系统的 IP 做了限定，仅允许某个管理员 IP 访问。

本次蓝队就遇到了一件类似的事情：目标企业把外网系统能关的都关了，甚至对邮件系统都制订了策略，基本上没有办法实现打点和进入内网。

（2）改变策略，攻击分部

为此，蓝队经过充分的信息搜集后，决定采取"李代桃僵"的策略：既然母公司无法进攻，那么就进攻二级子公司。然而蓝队在工作过程中发现，子公司也做好了防护，基本上无懈可击。一不做，二不休，二级子公司无法进攻，那么就攻击二级子公司下属的三级子公司。图 5-3 所示为公司内部的信任通联常被攻击者利用的示例。

（3）逐个击破，层层渗透

于是，蓝队从三级子公司下手，利用 SQL 注入 + 命令执行漏洞成功进入三级子公司 A 的 DMZ 区。然后，继续渗透、内网横向拓展，控制了三级子公司的域控、DMZ 服务器。在三级子公司 A 稳固权限后，尝试搜集最终目标的内网信息、三级子公司信息，未发现目标系统信息，但发现三级子公司 A 的内网可以访问二级子公司 B 的网络。

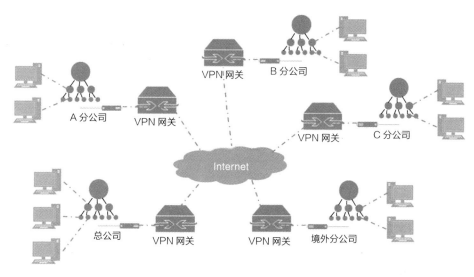

图 5-3　公司内部的信任通联常被攻击者利用

蓝队决定利用三级子公司 A 的内网对子公司 B 展开攻击。利用 Tomcat 弱口令 + 上传漏洞进入二级子公司 B 的内网，利用该服务器导出的密码在内网中横向渗透，继而拿下二级子公司 B 的多台域服务器，并在杀毒服务器中获取到域管理员的账号和密码，最终获取到二级子公司 B 的域控制器权限。

（4）找准目标，获取权限

在二级子公司 B 内进行信息搜集发现：目标系统 x 托管在二级子公司 C，由二级子公司 C 单独负责运营和维护；二级子公司 B 内有 7 名员工与目标系统 x 存在业务往来；7 名员工大部分时间在二级子公司 C 办公，但其办公电脑属于二级子公司 B 的资产，被加入二级子公司 B 的域，且经常被带回二级子公司 B。

根据搜集到的情报信息，蓝队以二级子公司 B 内的 7 名员工作为突破口，在其接入二级子公司 B 内网后，利用域权限在其电脑中种植木马后门。待其接入二级子公司 C 内网后，继续通过员工电脑实施内网渗透，并获取二级子公司 C 的域控制权限。根据日志分析，锁定了目标系统 x 的管理员电脑，继而获取目标系统 x 的管理员登录账号，最终获取目标系统 x 的控制权限。

5.7 顺手牵羊：巧妙种马，实施控制

某企业为大型商贸企业，在全国多个城市拥有子公司。在本次实战攻防演练中，攻击队的目标是获取该企业内部核心平台的控制权限。

蓝队的工作永远不会像渗透测试那样，根据一个工作流程或者漏洞测试手册，按照规范去做就能完成。蓝队的工作永远是具有随机性、挑战性、对抗性的。在工作过程中，总会有各种出其不意的情况出现，只有随机应变，充分利用出现的各种机遇，才能最终突破目标、完成任务。蓝队这次的目标就是如此。

（1）攻击被发现，行动受阻

蓝队通过挖掘目标企业 OA 系统的 0day 漏洞，获得了 Webshell 权限。然而脚跟还没站稳，红队的管理员便发现了 OA 系统存在异常，对 OA 系统应用及数据库进行了服务器迁移，同时修复了漏洞，图 5-4 所示为常见的示例。

图 5-4　对外暴露的协同办公等业务系统是主要的被攻击对象

（2）利用存留后门脚本，继续发起攻击

本来是件令人沮丧的事情，然而蓝队在测试后发现：红队虽然对 OA 系统进行了迁移并修复了漏洞，但是居然没有删除全部的 Webshell 后门脚本；部分后门脚本仍然混杂在 OA 程序中，并被重新部署在新的服务器上。攻击队通过连接之前植入的 Webshell，顺利提权，拿到了服务器权限。

拿到服务器权限后，蓝队发现红队的管理员居然连接到 OA 服务器进行管理操作，并将终端 PC 主机的磁盘全部挂载到 OA 服务器上。蓝队发现这是一个顺手牵羊的好机会。

（3）耐心等待时机，获取核心权限

蓝队小心翼翼地对管理员身份及远程终端磁盘文件进行确认，并向该管理员的终端磁盘写入了自启动后门程序。经过一天的等待，红队管理员果然重启了终端主机，后门程序上线。在获取到管理员的终端权限后，蓝队很快发现，该管理员为单位运维人员，主要负责内部网络部署、服务器运维管理等工作。该管理员使用 MyBase 工具对重要服务器信息进行加密存储。攻击队通过键盘记录器，获取了 MyBase 主密钥，继而对 MyBase 数据文件进行了解密，最终获取了包括 VPN、堡垒机、虚拟化管理平台等关键系统的账号及口令。

最终，蓝队利用获取到的账号和口令登录虚拟化平台，定位到演练目标系统的虚拟主机，并顺利获取了管理员权限。至此，渗透工作完成！

5.8　暗度陈仓：迂回渗透，取得突破

在有明确重点目标的实战攻防演练中，红队通常都会严防死守、严阵以待，时刻盯着从外网进来的所有流量，不管你攻还是不攻，他们都始终坚守在那里。一旦发现有可疑 IP，他们会立即成段地封堵，一点机会都不留。此时，从正面硬碰硬显然不明智，蓝队一般会采取暗度陈仓的方式，绕过红队

的防守线，从没有防守的地方开展迂回攻击。蓝队这回遇到的就是这样一块硬骨头。

（1）防守固若金汤，放弃正面突破

蓝队在确定攻击目标后，对目标企业的域名、IP 段、端口、业务等信息进行搜集，并对可能存在漏洞的目标进行尝试性攻击。结果发现，大多数目标要么已关闭，要么使用了高强度的防护设备。在没有 0day 漏洞且时间有限的情况下，蓝队决定放弃正面突破，采取暗度陈仓策略。

（2）调查公司业务，从薄弱环节入手

通过相关查询网站，蓝队了解到整个公司的子公司及附属业务的分布情况，目标业务覆盖中国香港、中国台湾、韩国、法国等国家 / 地区，其中中国香港的业务相对较多，极大可能有互相传送数据及办公协同的内网，故决定将其业务作为切入点。

经过对中国香港业务进行一系列的踩点和刺探，蓝队在目标企业的香港分部业务网站找到一个 SA 权限的注入点，成功登录后台并利用任意文件上传完成 getshell。通过数据库 SA 权限获取数据库服务器的 system 权限，发现数据库服务器在域内且域管是登录状态。由于服务器装有赛门铁克杀毒软件，因此采取添加证书的方式，成功绕过杀毒软件并抓到域管密码，同时导出了域 Hash 及域结构。

（3）外围渗透，获取权限

由于在导出的域结构中发现了中国内地域的机器，蓝队开始尝试从中国香港域向目标所在的中国内地域开展横向渗透。在中国内地域的 IP 段内找到一台服务器并完成 getshell，提权后抓取到此服务器密码。利用抓取到的密码尝试登录其他服务器，成功登录一台杀毒服务器，并在该杀毒服务器上成功抓到中国内地域的域管密码。使用域管账号成功控制堡垒机、运维管理、VPN 等多个重要系统。

通过大量的信息搜集，蓝队最终获得了渗透目标的 IP 地址，利用前期搜集到的账号和密码成功登录目标系统，并利用任意文件上传漏洞获取服务器权限。至此，整个渗透工作结束。

5.9　短兵相接：近源渗透，直入内网

某企业为大型金融企业，核心业务关系国计民生。因为行业特殊性，其互联网侧的接口非常少，并且安全防护非常严密，没有可以利用的突破条件。在外网无法直接突破的情况下，蓝队采用近源攻击的方式，冒充目标企业内部人员进入其办公内网，利用其公共区内的安全漏洞，成功接入其核心内网。

（1）前期侦察发现无懈可击，放弃常规网络突破手段

在开展网络攻击前，蓝队针对该目标进行了细致的信息搜集和侦察，对公司总部、分支机构等名下的域名、IP 以及开放的互联网业务应用进行了仔细梳理，未发现可利用的地方。遂放弃了采用常规网络突破手段，决定利用目标可能存在的人员管理漏洞开展攻击。

（2）利用办公区人员进出管理漏洞，冒充内部工作人员进入

通过对目标某子机构办公现场侦察，蓝队发现该子机构对进入目标办公区的人员管理比较松懈：只要戴着单位工牌，就可直接进入办公区，门口保安并不做过多的查验和辨识。蓝队遂在网上购买与该目标同一样式的工牌，制作假身份信息，冒充内部工作人员，在办公时间堂而皇之地进入目标办公区。

（3）利用无人值守主机，顺利接入内网

进入目标子机构办公大楼后，蓝队发现各楼层楼梯可随意穿行，畅通无阻，办公区有无人值守工位计算机且有网线连接。蓝队来到无人值守工位并通过 U盘工具进行登录密码绕过，打开多台办公区电脑，发现机器均为生产机器，网段在生产区内，可进行内网横向拓展。

（4）再接再厉，渗透控制核心业务系统

蓝队通过无人值守计算机接入生产网，对内网进行扫描探测，发现了目标业务生产内网网关管理系统；通过默认口令控制内网网关管理系统，并进一步控制生产区堡垒机，可控制堡垒机下所有核心业务系统，还可以通过目标子机构和总部业务网络深入接触总部的业务相关系统。因涉及数据安全，故终止操作。

第三部分
红队视角下的防御体系构建

　　在实战环境中的防护工作，无论是面对常态化的一般网络攻击，还是面对有组织、有规模的高级攻击，对于防护单位而言，都是对其网络安全防御体系的直接挑战。在实战环境中，红队防守需要按照备战、临战、实战和总结四个阶段来开展安全防护工作，采取信息清理、纵深防御、协同作战、溯源反制等防守策略以及防钓鱼、防信息泄露等防护手段，全面确保有效构建红队防御体系。

红队防守的实施阶段

在实战环境下，无论是常态化的一般网络攻击，还是有组织、有规模的高级攻击，对于防护单位而言，都是对其网络安全防御体系的直接挑战。红队需要按照备战、临战、实战和总结 4 个阶段来开展安全防护工作。

6.1 备战阶段：兵马未动，粮草先行

1. 管理方面

在管理方面，要建立合理的安全组织架构，明确工作职责，建立具体的工作小组，同时结合工作小组的责任和内容，有针对性地制定工作计划、技术方案、相关方协同机制及工作内容，责任到人、明确到位，按照工作计划进行进度和质量把控，确保管理工作落实到位，技术工作有效执行。

（1）备战阶段组织架构及职责分工

备战阶段组织架构如图 6-1 所示。

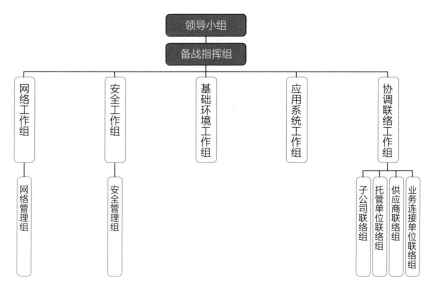

图 6-1 备战阶段组织架构图

1）领导小组。为确保备战阶段的工作能顺利开展，应由最高级别领导担任组长（局长、主任或集团副总以上级别），由高层领导组成领导小组，统一领导、指挥和协调备战阶段的准备工作，定期听取备战指挥组的工作汇报。领导小组的主要职责如下。

❑ 确认各工作组职责并将执行权力赋予备战指挥组。

❑ 确定战时目标（战略目标：零失分、保障排名等）。

❑ 审核并确定防护范围（是否包含下辖单位及子公司等）。

❑ 参与项目启动会。

❑ 提供经费及人员保障。

❑ 做出重大事件决策。

❑ 确定考核机制。

❑ 定期听取备战指挥组的工作汇报并做出批示（红线）。

2）备战指挥组。建议由负责演练防守的主责部门及其他协同部门领导组成备战指挥组，具体组织安全自查与整改、防护与监测设备部署、人员能力与意识提升、应急预案制定以及外协单位联络等战前准备工作，与监管单位建立长效沟通机制，保持随时联络。备战指挥组的主要职责如下。

- ❑ 向领导小组说明战时工作的背景、重要性及影响，引起领导重视。
- ❑ 建立战时组织架构，明确各组工作职责。
- ❑ 结合现状评估和攻防演练评估得出防护风险后，提出战时目标及防护范围建议，并提交领导小组审核。
- ❑ 建立工作机制，协调各工作组开展相关工作，并明确考核标准。
- ❑ 编写工作方案及计划。
- ❑ 根据战时战略目标、工作方案核算资源投入（人员需求、设备需求、场地需求等）情况。
- ❑ 组织战时工作的宣贯和培训。
- ❑ 监督、推动各工作组按计划落实工作。
- ❑ 总结问题并协调解决。
- ❑ 定期向领导小组汇报工作进展。
- ❑ 与战时组织机构保持良好沟通，及时获取相关信息。

3）网络工作组。一般由网络主管部门及其运维管理人员组成，负责网络架构及网络设备（路由、交换、负载均衡、防火墙等）的梳理、加固，协助安全工作组部署新增设备等网络相关工作。

- ❑ 资产梳理：
  - ▪ 网络架构、出口 IP、域名梳理；
  - ▪ 网络设备资产及对应供应商梳理；
  - ▪ 集权系统（如网管系统）梳理。
- ❑ 网络架构梳理和优化：
  - ▪ 互联网区域和内网重要业务区域的业务路径排查与梳理；
  - ▪ 外连单位接入路径排查与梳理；
  - ▪ 网络设备运维访问路径梳理。
- ❑ 整改加固：
  - ▪ 网络设备互联网暴露整改；
  - ▪ 内网中无用网络资产清理；

- 加密流量的调整；
- 协助安全防护、监控设备部署；
- 网络设备特权账号及基线检查（弱口令）排查整改；
- 运维终端、跳板机自身风险检查与加固；
- 演练作战室专用网络搭建；
- 其他网络相关问题整改与加固。

4）安全工作组。一般由参演单位的安全运维团队和安全公司项目组的部分成员组成，负责安全设备风险整改、新增安全设备部署等安全防护相关工作。

❑ 资产梳理：
- 安全设备资产及对应供应商梳理；
- 集权系统梳理（如堡垒机、安全监控系统）；
- 口令安全专项梳理。

❑ 网络架构梳理优化：
- 安全设备运维访问路径梳理；
- 重要系统访问路径梳理。

❑ 整改加固：
- 安全监控、防护、诱捕类设备部署与加固；
- 运维终端、跳板机自身风险检查与加固；
- 安全防护类设备可用性检查；
- 安全设备基线检查与加固；
- 安全设备安全加固；
- 安全策略调优；
- 账号和口令安全检查；
- VPN 加固或下线；
- 集权系统管控加固、策略优化；
- 协助各工作组开展安全检查与加固。

5）基础环境工作组。一般由基础环境组、云服务商组成，负责应用的基础环境（操作系统、中间件、云、容器）的资产梳理、风险识别及整改等相关工作。

❑ 资产梳理：

- 配合应用系统进行资产梳理；

- 集权系统（如域控、云管平台、集群管理系统）梳理；

- 云资产梳理。

❑ 整改加固：

- 操作系统加固；

- 特权账号梳理整改；

- 操作系统检查、整改、加固，非必要服务及服务器关停下线；

- 集权系统安全检查与加固；

- 运维终端、跳板机自身风险检查与加固。

6）应用系统工作组。一般由应用系统开发商、运维商组成，负责应用系统资产梳理、风险识别及整改等相关工作。

❑ 资产梳理：

- 应用系统资产梳理，包括但不限于开发框架、组件、责任人、系统重要性梳理；

- 集权系统（如 SSO、认证系统、4A 系统）梳理；

- 供应商梳理；

- 非重要系统关停下线梳理；

- 管理后台互联网开放情况梳理；

- 重要系统（含靶标系统）关联应用梳理。

❑ 网络架构梳理和优化：

- 网络访问路径梳理；

- 运维访问路径梳理。

❑ 整改加固：

- 弱口令、通用口令、默认口令整改；

- 重要系统、集权系统基线检查；

- 安全自查和整改；

- 配合安装主机防护软件；

- 删除安全工作组发现的泄露的敏感信息。

7）协调联络工作组。一般由参演单位及其集成商人员组成，负责下级单位、供应商等的协调联络工作。

- 协助演练指挥组建立与下级单位相关的工作机制，向下级单位下达相关工作指令，向备战指挥组反馈执行情况。
- 协助演练指挥组建立与供应商相关的工作机制，向供应商下达安全管理和技术防护的相关工作要求，协调供应商提供人员、设备等方面的支持。
- 与业务连接单位建立协同机制，情报共享，进行联防联控。
- 进行技术培训，包括战时防守的工作重点、具体工作内容、防守流程等。

（2）实战阶段组织架构及职责分工

实战阶段组织架构如图 6-2 所示。

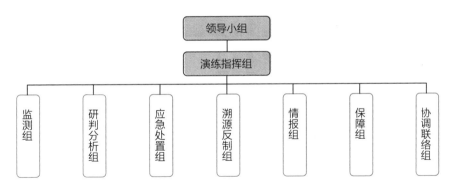

图 6-2　实战阶段组织架构图

1）领导小组。为加强攻防演练的组织领导，确保攻防演练效果，应成立演练领导小组，统一领导和指挥攻防演练工作。领导小组的主要职责如下。

- 确认演练工作组职责并赋予指挥组执行权力。
- 参加战时实战阶段启动会，鼓舞士气。
- 做出重大安全事件决策。
- 进行危机公关。

2）演练指挥组。领导小组下设演练指挥组，组织和部署攻防演练的工作任务，具体管理和协调攻防演练工作，向上级单位、战时指挥部汇报工作。演练指挥组的主要职责如下。

- ❑ 防守策略的侧重点决策。
- ❑ 推动落实各小组的工作机制、流程、人员值班安排。
- ❑ 组织防守日例会，统计和分析当天防守成果并向领导小组输出工作日报。
- ❑ 协调和解决防守工作中的其他问题。

3）监测组。由网络、安全、系统、应用等多个监控点的人员组成，实时监控可疑的攻击行为，并进行初步分析；监测组人员应具备初步渗透的能力。

4）研判分析组。对疑似入侵行为进行研判分析。

5）应急处置组。对攻击行为及时封堵、处置，对被攻击资产进行下线、加固。

6）溯源反制组。进行攻击对象溯源，对攻击者进行反制，协助编制防守报告。

7）情报组。与情报协同单位、各供应商（设备、应用、服务）搜集攻击线索、漏洞情报，及时上报，做到情报共享。

8）保障组。为基础环境和设施可用性提供技术保障，为作战现场所需生活物资提供后勤保障。

9）协调联络组。负责下级单位、外连单位、兄弟及友邻单位的协调联络工作。

（3）建立工作沟通机制与考核机制

此外，还要建立有效的工作沟通机制，通过安全可信的即时通信工具建立实战工作指挥群，及时发布工作通知，共享信息数据，了解工作情况，实现快速、有效的工作沟通和信息传递。

建立考核机制的要求如下。

1）与参演单位原有考核机制相关联，如要求参演单位在绩效考核上给予一定的权限，对准备工作执行不力的单位进行敲打。

2）制定考核红线，如被通过弱口令、钓鱼等方式打穿，则 KPI 考核为 0，并通报批评。

（4）对下级单位的工作要求

1）提出防守要求（必须）。

- ☐ 开展资产梳理，形成《互联网资产调研表》；整理可在实战阶段下线的资产，在实战演练前进行下线处理，并将未下线资产向防守主单位报备。
- ☐ 开展安全检查与加固。
- ☐ 提供《检查与加固手册》，对重要系统逐项开展检查与加固工作。
- ☐ 对非重要系统进行实战阶段的临时下线处理。
- ☐ 定期汇报工作成果。
- ☐ 每周定期开例会汇报工作进展。
- ☐ 自我组织防守。
- ☐ 依据实战开展时间自我组织战时防守工作。
- ☐ 实战阶段联防要求。
  - ▪ 防守情况：每日开例会汇报攻击和防守情况，有紧急情况随时汇报。
  - ▪ 情报共享：通过联络员随时共享情报内容（包括但不限于漏洞情报、得失分情报、攻击者情报）。

2）要求下级单位组建防守队伍，通过周例会的形式监督防守准备工作完成情况。

3）进行技术检查：针对重点业务以全面检查的形式进行风险识别，提出加固建议。

4）进行技术培训：内容包括战时防守的工作重点、具体工作内容、防守流程等。

（5）对供应商的工作要求

1）人员支持：为现场支持、远程保障提供技术人员。

2）安全加固：做好自身设备漏洞收集及安全加固工作。

3）安全管理：做好本单位安全管理工作，禁止未经授权部署与客户侧应用系统相似的测试系统，禁止留存客户侧相关的敏感信息（包括但不限于账号和密码信息、配置信息、人员信息）。

（6）业务连接单位工作机制

1）防护准备工作联动。

2）情报共享：通过联络员随时共享情报内容（包括但不限于漏洞情报、得失分情报、攻击者情报）。

（7）对公有云单位的工作要求

1）时刻对参演单位托管的业务系统进行监测，防范外部机构或人员对业务系统的攻击行为。

2）对来自同一公有云内部其他云租户的异常流量进行阻断。

2. 技术方面

为了及时发现自身安全隐患和薄弱环节，红队需要有针对性地开展自查工作，并进行安全整改与加固，内容包括资产梳理、网络架构梳理、安全检查加固、攻防演练。下面针对这四项内容展开介绍。

（1）资产梳理

1）敏感信息梳理。利用敏感信息泄露情报服务，梳理参演单位暴露在互联网上的敏感信息并对其进行清理或隐藏，以降低信息被攻击队利用的风险。

2）互联网资产发现。利用互联网资产发现服务，梳理参演单位暴露在互联网上的资产，查找未知资产及未知服务，形成互联网系统资产清单；明确资产属性和资产信息，对无主、不重要、高风险资产进行清理。

3）内网资产梳理。通过梳理内网资产、组件版本、责任人、指纹识别等内容，明确内网资产状况，形成资产清单，便于后续的整改加固，在应急处置时可及时通知责任人，还可对暴露的相关组件漏洞及时进行定位修补；而对重要系统的识别（含集权系统）也便于后续对重要系统开展防护及业务流梳理工作。

4）第三方供应商梳理。梳理所有第三方供应商，包括设备厂商（网络设备、安全设备等）、应用开发商、服务提供商（云服务、运维服务等），要求它们做好自身安全管理、自身产品安全加固，提供防守监测人员支持。

5）业务连接单位梳理。梳理所有业务连接单位以及连接形式、系统、区域、IP入口，了解防护监控状况，与参加业务连接单位联防联控，建立安全事件通报机制。

6）云资产梳理。通过梳理私有云的云管平台、云软件、底层操作系统以及公有云资产，明确云资产状况，形成资产清单，便于后续的整改加固，在应急处置时可及时通知责任人，还可对暴露的相关组件漏洞及时进行定位修补。

（2）网络架构梳理

1）网络访问路径梳理。明确系统访问源（包括用户、设备或系统）的类型、位置和途经的网络节点，便于后续监测、溯源时使用，确保安全架构梳理完成后南北向监测流量的完整性。

2）运维访问路径梳理。识别是否存在安全隐患，便于后续优化及统一整改、加固，确认防护和监测设备是否存在缺失。

3）安全架构梳理。通过架构梳理评估安全域划分是否合理，防护和监测设备部署位置是否恰当，是否存在缺失，是否存在安全隐患。

4）安全设备部署。建议参演单位尽快补充相关安全设备，以免影响安全防护工作的顺利进行。根据近几年防守项目的经验，评估客户在关键地方缺失的安全防护设备。

（3）安全检查

1）常规安全检查。常规安全检查，即传统的安全评估检查工作，主要涉及网络安全、主机安全、应用安全、终端安全、日志审计、备份等方面的安全评估。通过开展安全检查工作，对参演单位环境存在的风险进行摸底，并根据检查输出的结果编写《风险整改报告》。

2）专项清查。对攻击队采用的重点攻击手段及目标进行专项清查，主要涉及口令及未授权漏洞、重要系统安全检查等工作，尽可能避免存在高风险、低成本的问题。

3）Web 安全检测。Web 安全检测应将重点放在最大限度地发现安全漏洞隐患，验证之前发现的安全漏洞隐患是否已经整改到位。在条件允许的情况下，针对重要信息系统进行源代码安全检测、安全漏洞扫描与渗透测试等 Web 安全检测，重点应检测 Web 入侵的薄弱环节，例如弱口令、任意文件上传、中间件远程命令执行、SQL 注入等。

（4）攻防演练

攻防演练是为了模拟实战，检验风险自查和安全强化阶段的工作效果，检验各工作组的前期工作效果，检验本单位对网络攻击的监测、发现、分析和处置能力，检验安全防护措施和监测技术手段的有效性，检验各工作组协调、配合的默契程度，充分验证技术方案的合理性；总结监测、预警、分析、验证、处置等环节的岗位职责及工作内容执行情况，根据攻防演练实际情况，进一步完善技术方案，为战时工作夯实基础。

为了检验监控措施的有效性，需要对安全产品自身的安全性、部署位置、覆盖面进行评估；为了更快地发现问题，需要尽量部署全流量威胁检测、网络分析系统、蜜罐、主机监测等安全防护设备，提高监控工作的有效性、时效性、准确性；监测人员还需熟练掌握安全产品，优化安全产品规则。

3. 运营方面

成立防护工作组并明确工作职责，责任到人，开展并落实技术检查、整改以及安全监测、预警、分析和处置等运营工作，加强安全技术防护能力。完善安全监测、预警和分析措施，使监测手段多元化，建立完善的安全事件应急处置机构和可落地的流程机制，提高事件的处置效率。

同时，所有的防护工作，包括预警、分析、验证、处置和后续的整改、加固，都必须以监测并发现安全威胁、漏洞隐患为前提。其中，全流量安全威胁检测分析系统是防护工作的关键节点，应以此为核心，有效地开展相关防护工作。

（1）应急预案编写及完善

应根据实战工作要求，结合自身实际情况编写《网络安全应急预案》。预案的主要内容应包括工作目标、应急组织架构、工作内容及流程（监测与分析、响应与处置）等，具体事件应包括 Web 漏洞利用攻击事件、弱口令爆破事件、任意文件上传事件、跳板代理攻击事件等。应开展相应的应急演练，熟悉各岗位的工作内容和工作流程，针对演练过程中发现的问题限期整改。同时，需要整理《值班应急联系表》与《工作人员通讯录》，以达到战时责任分工明确、快速处置安全事件、降低业务影响等要求。

（2）安全意识培训

攻击者除了使用 Web 入侵攻击手段外，还会使用钓鱼和社会工程学等方式进行攻击，每一个系统接触者都有可能成为攻击目标。攻击者可能通过邮件甚至互联网发布文章等方式，诱导工作人员下载恶意远控程序，成为非法入侵的突破口。

所以，对全员进行信息安全意识教育和专项培训是有必要的。在有条件的情况下，可在实战前期对全员开展安全意识培训工作，尤其需要提升接触关键信息的人员、权责较高的人员、系统运维人员等的安全意识，以减少安全意识薄弱造成的安全风险。

（3）生产工作要求

在开展安全技术工作的同时，还要加强生产工作要求，控制网络安全防护工作实施过程中的安全风险，降低因人员违反工作要求而产生的安全风险。建议生产工作要求如下。

❑ 保密要求：禁止泄露任何与工作相关的信息、数据，与第三方技术支持单位人员签订保密协议。

❑ 网络传播：严禁私自传播任何与工作相关的信息，如发朋友圈。

❑ 个人终端安全：须对接入网络的计算机终端进行病毒查杀、安全基线合规检查和加固。

❑ 值守要求：工作期间禁止擅离职守，全员 7×24 小时开机，并保持通信畅通。

❑ 工作要求：现场禁止开展与工作无关的任何事情。

❑ 时间要求：严格按照工作要求时间开展相关工作。

❑ 漏洞上报：禁止隐瞒和恶意利用已发现的木马和其他漏洞，下级单位发现有效的安全漏洞应及时上报。

（4）工作机制宣贯

在完成前期准备、风险自查、安全强化等阶段工作后，将要开始临战阶段工作，需要再次与各个工作组确认实战阶段各岗位工作人员是否可以按时到位，建立工作沟通群并开始使用。梳理安全监测、发布预警、验证研判、溯源分析、应急处置等工作的详细流程，按照实战阶段的工作职责组织会议对工作流程、工作职责、工作内容和联动配合等进行培训，让各岗位人员尽快熟悉各自的工作内容，为实战阶段的工作夯实基础。

6.2 临战阶段：战前动员，鼓舞士气

经历了备战阶段的查缺补漏、城防加固等工作，红队的安全防护能力在技术方面、管理方面和运营方面都有了较大提升。为了更好地协同配合，高效地应对实战阶段的攻击，减少分析处置事件的时间，提高防守的效果，还需要做好临战阶段的动员工作。

临战阶段的动员工作建议从以下 4 方面开展。

（1）工作清点

工作清点的目的是对工作计划清单进行复盘，检查工作完成情况，再次确认备战阶段所有工作任务均已完成。同时，实施排期至临战阶段的相关工作任务，例如，对不能整改的安全问题进行访问控制，关停下线非必要系统等。

1）业务系统暂停服务。为了使防守更加精细化，缩小受攻击面，使防护目标更加明确，在不影响正常业务系统运行的情况下，可以进行业务连续性需求评估，关停存在安全风险但不能及时修复的服务器，并做好记录。（关停服务器不是只关闭服务器的对外映射，而是要将整个服务器下线，避免内网横向拓展时被利用。）

2）关闭服务器对外访问权限。所有服务器，包括 DMZ 和应用、数据库服务器等，均应禁止访问互联网，如有必须主动外连的需求，尽可能确定需要访问的 IP 地址并开临时白名单。若为了服务器下载软件或升级方便，开放访问互联网的权限，攻击者可轻易通过建立反向代理等方式远程控制服务器，进而对内部网络进行扩散攻击。

3）集权类系统排查和暂停服务。集权类系统一般都是攻击者打击的主要目标。拿下集权类系统，可以获得其所管辖范围内的所有主机的控制权。集权类系统包括域控制器服务器（Domain Controller）、DNS 服务器、备份服务器、ITSM 运维管理系统、Zabbix、Nagios、堡垒机等集成监控维护系统，研发服务器、SVN、Git、研发个人终端、运维个人终端，以及 VPN 登录及单点登录入口等。

根据以往的工作经验，集权类系统存在 0day 漏洞的概率比较大。集权类系统如果被攻击者利用，反而会给攻击者更多的辅助性手段，他们通过集权类系统可以拿下大批主机。因此在实战期间，集权类系统若存在安全漏洞且无法及时修复，建议关闭系统、暂停服务。

4）服务器日志检查分析（失陷检测）。在实战之前，可以使用 Web 日志失陷检测平台和主机日志分析平台分析关键服务器的 Web 日志和 Windows 操作系统日志，对其关键服务器进行一次排查，查看是否存在被入侵的痕迹。确保服务器在实战之前"干净"的。后续在实战阶段，也需要定期通过分析平台对日志进行分析，以发现可能被防护设备遗漏的入侵行为。

（2）战前动员

战前动员主要包含 4 部分工作：一是在实战演练开始前，召开现场战前动员会，统一思想，统一战术，提高斗志，达成共识；二是强调防守工作中的注意事项，攻击手段多种多样，为防止被攻击利用，防守人员要严格遵守纪律红线，做到令行禁止；三是提高大家的攻防意识，对攻击过程进行剖析，对常见的攻击手段部署针对性的防守要点，做到有的放矢；四是明确奖惩制度，做到有赏有罚，所有参战单元既有目标又有压力，才能够产生强烈的动力，努力完成任务。

（3）宣贯工作流程

宣贯工作流程的目的：一是对参与防守工作的人员进行任务分工，说明工作职责，让其各司其职，并使其了解网络环境、资产情况、业务流向等情况；二是固化每日工作流程，使各岗位协同配合，做好攻击事件的监测处置、研判上报、溯源处置和情报共享等工作；三是宣贯制定的工作排班计划、交接班要求等。通过完善工作流程令防守工作有序、有效，提升防守的效果。

（4）战术培训

战术培训的主要工作内容有两项：一是由安全专家分享其他单位的网络安全实战攻防演练经验，宣贯各阶段的攻击特征，协助防守队制定针对不同攻击场景的防守战术；二是由安全专家对演练评分规则进行详细解读，提高参演人员对演练的认知。

6.3 实战阶段：全面监测，及时处置

攻守双方在实战阶段正式展开全面对抗。防守方须依据备战的明确组织和职责，集中精力和兵力，做到监测及时、分析准确、处置高效，力求系统不破、数据不失。

在实战阶段，从技术角度总结，应重点做好以下 4 点。

（1）全面开展安全监测预警

在实战阶段，监测人员须具备基本的安全数据分析能力，能根据监测数据、情报信息判断攻击的有效性。如存疑，应立即协同专业分析人员进行分析，确保监控可以实时发现攻击，不漏报，为处置工作提供准确信息。监测工作应覆盖整个攻击队的攻击时间。

（2）全局性分析研判工作

在实战防护中，分析研判应作为核心环节，分析研判人员要具备攻防技术能力，熟悉网络和业务。分析研判人员作为整个防护工作的大脑，应充分发挥专家和指挥棒的作用：向前，对监测人员发现的攻击预警、威胁情报进行分析和确认；向后，指导和协助事件处置人员对确认的攻击进行处置。

（3）提高事件处置效率效果

确定攻击事件成功后，最重要的是在最短时间内采取技术手段遏制攻击，

防止攻击蔓延。事件处置环节，应联合网络、主机、应用和安全等多个岗位的人员协同处置。

（4）追踪溯源，全面反制

在发现攻击事件后，防守队可根据安全防护设备、安全监测设备产生的告警信息和样本信息等，结合各种情报系统追踪溯源。条件允许时，可通过部署诱捕系统反制攻击队，拿下攻击终端。

6.4　总结阶段：全面复盘，总结经验

实战攻防演练的结束也是红队改进防守工作的开始。在每次红蓝对抗演练结束后，应对各阶段进行充分、全面的复盘分析，提出整改措施。一般须遵循"遗留最小风险"和"问题相对清零"的原则持续优化防守策略，对不足之处进行整改，进而逐步提升防守水平。因此，红队可通过沙盘推演、桌面推演等方式找出自己在备战阶段、临战阶段、实战阶段存在的纰漏，涉及以下方面：工作方案、组织管理、工作启动会、系统资产梳理、安全自查及优化、基础安全监测与防护设备的部署、安全意识、应急预案、注意事项、队伍协同、情报共享和使用、反制战术、防守作战指挥策略等。同时，结合实战攻防对抗过程中发现的网络架构、主机安全、数据库安全、应用安全、安全和网络设备、身份安全、供应链等方面的风险和问题进行整改，输出管理、技术、运维三方面问题的整改措施和计划，实现风险和问题闭环清零。

1.复盘总结

本节主要阐述红队防守工作活动的关键复盘动作，复盘动作将分为管理动作和技术动作两方面。另外，总体复盘任务包括但不限于以下关键动作，防守单位在复盘工作开展时可以增加总结动作。

（1）设定防守工作目标

结合防守单位自身网络安全的实际情况，设定符合单位防守实际的工作目

标，目标不应过高也不应过低。目标过高，意味着防守工作投入过大；目标过低，则无法通过演练检验实际的网络安全短板具体在哪里。所以，应该复盘是否结合了单位网络安全建设的实际水平设定工作目标。演练活动结束后，检验是否达到预期目标。达到或未达到预期目标都需要总结，并反思为什么能达到或未达到，即需对目标结果完成复盘分析。

（2）制订工作方案

复盘工作方案，根据整体防守实施过程分析方案的完备性，以实际工作过程检验制订的方案中是否存在缺失项。

（3）组织架构和分组职责

复盘是否成立了有足够推动力、可以实现跨部门统筹和协调工作的领导小组，防守工作小组结构是否健全、完备，各小组职责是否清晰、完备。分析防守过程中是否存在因职责不明确或组织架构不全，导致无法感知攻击行为或感知攻击行为后无法及时处置的问题。

（4）防守靶标系统基本信息调研

应该复盘演练前是否对靶标系统的基本信息进行过调研，选择靶标系统时是否遵循了选择原则，是否调研过靶标系统部署的网络环境、主机操作系统类型、中间件类型、数据库类型、应用系统开发语言和开发框架信息，以及靶标系统网络访问策略情况、业务交互情况、攻击靶标系统的关键攻击路径和运维管理节点是否可控等。

（5）防守单位和人员确认

复盘是否制作了完整的防守单位和人员排班表，是否制作了工作人员技术能力画像表，技术人员所在的技术岗位职责是否清晰，所在岗位人员能力是否满足岗位要求等。

（6）工作启动会

复盘防守过程中是否正式召开了工作启动会，是否有具备足够推动力的领导参加启动会,是否所有相关的防守单位均参加了启动会。

(7)签署保密协议

复盘是否所有第三方参演单位的工作人员都签署了保密协议。参与工作人员不仅包含实际参战的技术人员,还包括商务、会务和后勤保障等成员。即使所有工作人员都签署了保密协议,还是需要在启动会中全员宣贯和强调安全保密的意识。

(8)沟通软件部署

复盘演练活动中是否部署了高效的沟通软件,沟通组织的各个工作小组人员是否熟练使用软件功能,复盘有没有需要改进的通信组织结构和账号权限建议。高效的沟通机制是红队防守成功的前提。

(9)防守工作场地

按照各单位攻防演练活动中红队实际参演人数的规模大小,复盘是否准备了适当的工作场地。一般红队防守工作将持续 1~2 周甚至更长时间,因此需要根据防守人数考虑工作场地面积大小、物资保障物品多少和保障物质的输送频率。此外,还需考虑场地是否需要屏幕,网络、防守终端设备是否通畅,桌椅板凳是否齐全、舒适等。

(10)制订应急预案和流程

复盘红队防守工作方案中是否包含安全应急预案,检查前期预案是否包含不同场景,并按照场景设计了符合单位实际的应急处置流程。

(11)防守规则调研

检查攻防演练活动中红队防守工作的备战阶段,项目组是否充分了解防守规则,是否对防守规则进行过研讨并制订了规则解读表。

(12)系统资产梳理

复查资产及台账管理,检查防守过程中是否存在由硬件、软件、数据资产梳理不清或者台账不全、不准确导致资产受损无感知甚至对遭受的攻击行为无法分析等问题。

（13）部署基础设备

复查防守工作中的基础设备部署方式是否正确，是否存在由部署位置错误导致设备功能无效或不能发挥全部防护功能的问题。例如，流量接入不全导致无法实现流量全面监测，服务器加固设备部署的点不全导致主机防护缺失等。

（14）网络架构

复查整体网络架构的网与网之间是否缺少隔离措施、有没有划分安全域、是否缺少必要的安全防护设备，是否存在网络设备较老导致无法升级补丁的情况，在关键网络边界是否具备对抗互联网安全威胁和网络攻击（抗拒绝服务攻击、入侵防御、恶意代码防护、垃圾邮件防护、网络访问和流量控制等）的能力。

（15）主机安全

复查是否建立了完整的主机台账，主机操作系统是否还存在多年前的老漏洞未修复，是否还存在弱口令或统一口令，远程管理是否缺少安全措施，日志是否缺乏保护和备份（如果缺少，会导致发生安全事件后无法通过日志进行溯源分析）。

（16）数据库安全

复查是否为数据库建立了快速且行之有效的补丁升级流程，是否存在弱口令或者默认口令，数据库访问是否没有权限控制，以及数据库的软件安装权限是否过大（如采用 root 权限安装）等。

（17）应用安全

复查防守工作中是否记录了所有被攻击应用系统的攻击路径，对于攻击发现的各类漏洞（注入、越权、XSS、逻辑漏洞等）、采用的组件（如开源组件）、中间件、安全配置不规范（例如配置信息中包含敏感的数据库信息、允许弱口令、后台暴露等）、部署不规范（例如部署人员在升级时覆盖了之前已修复的补丁，导致旧的漏洞重现却不知道）等是否进行了漏洞台账管理和修复与加固。

（18）安全和网络设备

复查安全设备、网络设备在攻防对抗中是否对发现的新漏洞（0day 或 Nday）进行了修复，是否存在以下情况：安全策略配置过粗（如：怕影响业务，WAF 禁止使用太多的策略；为了运维方便，网络 ACL 直接按段开放），策略有效性未经检验（无人检验配置是否生效，实际并未生效），策略冲突（较严格的控制策略被较粗的控制策略覆盖），配置问题（存在弱口令或默认口令，访问不受限制，特征库升级迟缓，授权过期），等等。这些问题会给单位的安全运营、运维工作带来较为严重的风险。

（19）身份安全

复查是否所有的设备、应用都有身份鉴别功能，身份鉴别功能是否完善，权限划分是否合理，同时复查使用设备、应用的人员身份是否存在认证和权限过大的问题。

（20）安全自查及优化

复查防守过程中的安全自查及优化方式、手段是否足够，发现的问题是否均已整改，整改是否存在遗留问题，并评价整改措施是否有效。

（21）注意事项

复查防守工作中是否向全员提示了完备的注意事项，是否还有可以补充的注意事项，原有事项描述及要求是否合理等。

（22）应急演练

复查防守工作中是否存在新的突发应急事件在原应急预案中没有涉及，预案设计是否合理、全面，应急演练过程、阶段是否缺失，预案设计与实际的应急处置是否匹配，是否存在纸面设计与实际工作脱节的问题等。

（23）安全意识培训

复查安全意识培训方式是否有效，培训对象是否有缺失，培训内容是否完备，培训频度是否足够高等。

（24）红队防守期间每日常规动作

复盘红队防守期间所有干系人的常规动作是否按照工作分组进行标准化。常规动作不仅包含技术人员的技术操作，还包含总结和梳理演练活动中的管理行为、后勤保障行为等。

（25）队伍协同

复查防守工作中各个参演部门和第三方支持厂商是否履行了规定的相关职责，各个节点在工作配合过程中是否有效执行了工作职责内容，不同位置上各司其职的工作人员是否进行了协同、使队伍，高效运转等。如发生了协同配合不顺畅的问题，检查是否找出了问题原因和解决方案。

（26）防守作战指挥策略

复查是否总结了对抗期间的总体指挥防守策略，在不同的攻击场景下是否有不同的指挥应对手段等。

（27）攻击队攻击方式总结

1）互联网突破总结。复盘红队是否提前研究了互联网突破的攻击方式，是否针对各类突破方式解读被攻击时的监测行为和流量监测告警提示状态，是否制订了发生攻击和产生告警提示状态时的管理和技术应对举措，是否将此防御技术编入防守技战法手册并定期维护。

2）旁站攻击总结。复盘红队是否提前研究了旁站攻击的突破方式，是否针对各类旁站攻击方式解读被攻击时的监测行为和流量监测告警提示状态，是否制订了发生攻击和产生告警提示状态时的管理和技术应对举措，是否将此防御技术编入防守技战法手册并定期维护。

3）传统渗透攻击总结。复盘红队是否提前研究了攻击队经常使用的传统渗透攻击方式（如经常使用的 WebLoigc 反序列化命令执行攻击、JBoss 远程代码执行攻击、Struts2 远程命令执行攻击、Redis 未授权访问攻击、永恒之蓝漏洞攻击、Windows 操作系统漏洞攻击、数据库弱口令和操作系统弱口令攻击、FTP 匿名登录攻击、rsync 未授权访问攻击、HTTP OPTIONS 方法攻击、SSL/TLS 存在 Bar Mitzvah Attack 漏洞攻击、X-Forwarded-For 伪造攻击等），是否针对各类突破方式解读被攻击时的监测行为和流量监测告警提示状态，是否制订了发生攻击和产生告警提示状态时的管理和技术应对举措，是否将此防御技术编入防守技战法手册并定期维护。

4）物理攻击总结。复盘红队是否提前研究了物理攻击的攻击方式，是否针对物理攻击类型制订了管理和技术应对举措，是否将此防御技术编入防守技战法手册并定期维护。

5）利用大型内网做跨区域攻击总结。复盘红队是否提前研究了攻击队利用大型内网做跨区域攻击的方式，是否针对各类跨区域攻击方式部署了监控设备，是否解读了被攻击时的监测行为和流量监测告警提示状态，是否制订了发生攻击和产生告警提示状态时的管理和技术应对举措，是否将此防御技术编入防守技战法手册并定期维护。

6）集权类设备或系统攻击总结。复盘红队是否提前研究了集权类设备或系统的攻击方式，检查攻防演练活动的防守备战阶段是否对集权类设备和系统进行了安全加固，在监控系统中是否针对集权类设备和系统制定了定制化监测规则和策略，是否解读了集权类设备和系统被攻击时的流量监测告警提示状态，是否制订了发生攻击和产生告警提示状态时的管理和技术应对举措，是否将此防御技术编入防守技战法手册并定期维护。

7）专挖 0day+1day 总结。复盘红队是否提前研究了 0day+1day 漏洞攻击方式，是否针对此类漏洞攻击方式解读被攻击时的监测行为和流量提示状态，是否安排专人定期对重要设备和系统读取日志、新增进程、新增文件巡检，是否制订了发生攻击和产生流量提示状态时的管理和技术应对举措，是否将此防御技术编入防守技战法手册并定期维护。

8）供应链攻击总结。复查是否建立了供应链厂商、产品清单台账，是否制定了供应商安全维护管理规范并禁掉或最小化供应商远程维护系统的管理权限，是否有本地维护的未经许可自带设备接入内网，是否对供应链企业清单进行自查（包括但不限于产品品类、开发商名称、开发商资本结构、产品名称、主程序名与安装路径、版本号、是否 OEM、软件开发规范、软件工程规范、开发语言、运行环境、涉及的操作系统、涉及的开源项目、版本控制系统、已知系统漏洞、是否有信息传回开发商、回传信息及位置、授权模式、开发环境代码审查机制、开发环境漏洞扫描机制等）。

9）邮箱系统攻击（获取信息）总结。复盘红队是否提前研究了邮箱系统攻击方式，是否针对邮箱系统突破方式解读被攻击时的监测行为和流量监测告警提示状态，是否制订了发生攻击和产生告警提示状态时的管理和技术应对举措，是否将此防御技术编入防守技战法手册并定期维护。

10）免杀、加密隧道等隐蔽攻击总结。复盘红队是否提前研究了免杀和加密隧道等隐蔽攻击方式，是否针对此类隐蔽攻击方式解读被攻击时的监测行为和流量监测告警提示状态，是否制订了发生攻击和产生告警提示状态时的管理和技术应对举措，是否将此防御技术编入防守技战法手册并定期维护。

11）钓鱼、水坑，利用人的弱点总结。复盘红队是否提前研究了钓鱼和水坑攻击方式，是否对全员进行了安全意识宣贯培训，是否针对钓鱼、水坑的攻击方式解读被攻击时的监测攻击行为和流量监测告警提示状态，是否制订了发生攻击和产生告警提示状态时的管理和技术应对举措，是否将此防御技术编入防守技战法手册并定期维护。

12）目标单位周边 Wi-Fi 攻击总结。复盘红队是否提前研究了 Wi-Fi 攻击方法，是否解读了此类攻击发生时的行为和流量提示状态，是否制订了发生攻击和产生提示流量状态时的管理和技术应对举措，是否将此防御技术编入防守技战法手册并定期维护。

13）业务链单位攻击。复盘是否梳理了业务链资产清单，是否在此类业务链交互出口部署了监控设备和系统，是否制订了业务链单位发生安全攻击时的应急预案。

14）安全产品、IoT 设备等漏洞利用。复盘是否梳理了 IoT 类业务设备系统资产清单，是否制订了此类设备发生安全攻击时的应急预案。

（28）情报共享和使用

复查所有生产威胁情报的小组是否形成共享网络，是否在职责范围内进行了情报管理工作，上下级单位和同行业单位之间是否在使用威胁情报的同时也共享其他单位的威胁情报信息。收到共享的威胁情报，是否导入了安全监测设备，并结合威胁情报对网络中的流量进行查询和分析，以精准发现已发生攻击行为或潜在攻击行为等。

（29）反制战术

如果防守工作中使用了反制战术，复查是否对反制战术进行了总结并形成方案，为以后防守提供支持。

（30）攻防演练总结

复盘红队在攻防演练过程中是否提交了所有技术报告，攻防演练结束后是否对防守成果、防守心得、技战法进行了总结汇报，组织方是否召开了防守复盘会来总结经验教训和制订问题整改工作计划。

2.改进措施

针对在复盘总结中发现的问题和薄弱点进行梳理与分析，制订下一步工作计划并给出解决问题的措施和手段，确定近期可解决的问题、需要长期增加安全措施和优化工作机制才能逐步解决的问题，从管理、技术、运维 3 个层面确定需要完善和优化的安全措施和手段，并将优化机制、措施加入日常的安全运营中。

在此，我们将重点介绍应用系统安全运营管理，而不会详细介绍网络安全强调的安全建设和安全规划的概念与方法。在应用系统安全运营管理方面，建议红队防守单位至少逐步形成并完善以下机制、措施和安全运营管理。

（1）应用系统生命周期管理

一个应用系统一般会经历需求、设计、开发、上线运行和下线5个阶段。在以往的信息系统开发过程中，单位重点关注的是能否按照业务需求按时完成系统功能开发，按时上线并运行。事实证明，在上线后才开始关注应用系统的安全问题已被证明并不是有效的安全解决方式，而且软件的安全问题中很大一部分是由不安全的设计引入的。

经过分析和对比发现，凡是在设计阶段就将安全工作纳入开发工作中并在后续的各个阶段都能够贯彻执行的应用系统，在运行后出现的安全问题相对较少，整改起来也相对容易和彻底。因此建议单位在安全运营工作中重视应用系统的生命周期管理。

1）应用系统开发安全管理机制。除了正常的应用系统开发管理工作外，还应关注开发安全管理工作。对此，建议在设计阶段引入安全管理机制，让安全专家对设计方案进行审核和评审，提出安全建议，以提高应用系统在设计阶段的安全健壮性。具体可从如下几方面开展工作。

- ❑ 在应用系统立项时就初步明确该应用系统的安全等级，以确保后续安全设计工作有一定的依据。
- ❑ 在应用系统需求调研时，对需求调研人员进行应用系统安全开发规范培训（应提前制定应用系统安全开发规范），在形成需求规格文件后，组织需求规格安全评审。
- ❑ 在应用系统设计阶段，主要完成对应用系统设计方案的评审。
- ❑ 在应用系统开发阶段，对开发人员、测试人员进行应用系统安全开发规范培训（应提前制定应用系统安全开发规范），使得开发过程安全可控。

2）应用系统上线安全管控机制。单位应该建立健全的应用系统安全上线前的检测流程、标准和制度，安全负责部门应严格执行应用系统上线前的安全检测工作，包括应用系统安全扫描、基于业务流程的渗透测试、代码审计和安全配置核查等。待应用系统通过安全评估后才能允许其进入上线运行阶段，禁止让带"病"的应用系统上线运行。

受人力物力的局限，单位一般很难完全通过自身开展该项工作，因此建议单位聘请专业的第三方安全公司或者机构来专门负责应用系统上线前的安全检测和评估工作，以保证评估结果的客观性。

3）应用系统运行安全管控机制。应用系统在运行过程中的安全问题主要表现在：各类漏洞的暴露（操作系统漏洞、应用系统漏洞、数据库漏洞等）、应用配置不当（后台暴露、Web 弱口令、敏感信息泄露、目录权限设置不当等）、升级部署不规范（升级导致之前的漏洞补丁被覆盖，升级之前未备份数据导致数据丢失等）。

关注应用系统在运行过程中的安全，建议：采用主动防御理念，通过部署WAF、网站云防护、网页防篡改等安全设备，提高应用系统在运行过程中的边界防护能力；通过定期进行漏洞扫描、渗透测试、安全检查与评估等，及时发现应用系统在运行中存在的安全隐患；建立起应急处置机制，以快速对发现的应用系统问题进行整改。这样，通过建立起防护、检测和处置的闭环运行管理机制，提升应用系统动态安全防护能力。

4）应用系统下线安全管控机制。在安全运营中，应用系统下线相对简单，但也存在容易忽略的风险。例如：只关闭系统域名，但服务、服务器却还在运行；下线后各类数据丢在一旁不管，导致数据泄露风险提升；下线过程没有对应的流程，导致系统下线过程没有相应的记录等。

针对上述问题，建议在日常安全运营中，无论应用系统是正常下线还是因安全问题下线，都应该遵照既定的流程进行。在应用系统下线前，应完成应用系统数据备份、数据清除、资源回收和设备回收等工作，同时应检查以确保应用系统下线后不存在遗漏情况，避免出现应用域名停用而服务还在运行的情况。最后，还应在资产台账中同步更新相关信息，完善应用系统下线后的安全措施。

5）其他关键点管理措施。应用系统生命周期管理工作主要体现在上述 4个环节。为了更好地开展应用系统生命周期管理工作，我们根据多个项目的经验梳理了关键点，主要涉及在新应用系统上线前如何开展安全检测工作、如何开展漏洞管理工作两方面。

漏洞管理工作稍后介绍，这里来看应用系统上线前安全检测。在日常安全运营中，有的单位在新应用系统上线前开展过安全检测工作，有的单位并没有。我们根据多个项目的经验，梳理出系统上线前开展安全检测工作的关键点，以供单位参考。主要关键点如下。

- ❑ 单位日常安全运营中，应建立新系统上线安全检测管理制度和流程，对上线系统进行"体检"。
- ❑ 如果系统属于在建项目，有条件的话，可以将总集成、监理、开发单位、业务部门及安全部门全部纳入上线前检测审核中，通过各方监督，保证该项工作按要求完成。
- ❑ 如果系统属于内部自建项目，可以将业务部门、开发部门、安全部门等主要部门纳入上线前检测审核中，通过各方监督，保证该项目工作按要求完成。
- ❑ 系统上线前是否需要经过安全检测，应该由参与部门根据系统实际情况（一般看系统变更情况）进行审核和确定。
- ❑ 安全检测（主要从安全扫描、代码审计、基于业务流程的渗透测试、安全评估等方面开展）完成后，应出具详细的安全检测报告，并与各部门负责人同步。
- ❑ 开发部门（或单位）应按照出具的检测报告开展整改工作，整改完成后由安全部门负责开展复查工作。
- ❑ 复查完成后，安全部门召集各部门汇报整改情况。若整改复查符合要求，则各方签字，进入上线阶段；若整改复查还存在不符合要求，则继续进行整改，直至整改复查结果符合安全要求为止。

通过上线前安全检测，减少新上线系统的安全漏洞，从而减少新系统上线后给业务带来的安全风险。

（2）漏洞管理

漏洞与应用系统基本上是时时伴随的，无论是操作系统漏洞、应用系统漏洞还是其他组件漏洞，都将影响到应用系统的安全。而针对这些漏洞的修复管理工作经常会遇到这些问题：怕影响业务，暂时不能修复漏洞；已经根据修复建议修复了，但不知道修复是否有效；漏洞无人认领，有些单位存在中间件三不管的尴尬局面等。这些问题都将在当前严峻的网络安全环境中给单位带来极大的安全风险。

因此，建议单位在日常安全运营中建立漏洞管理流程，以确保所发现的漏洞都能够得到有效处理，从而提高整体网络安全水平。漏洞管理工作一般会涉及单位多个部门、第三方应用系统承建单位和信息安全技术支撑单位，因而需要建立相关漏洞管理制度，明确职责和权限。

根据经验，我们梳理出漏洞管理的以下关键点。

1）漏洞发现

❏ 制订安全漏洞评估方案，报信安全部门和业务部门审批。
❏ 进行信息系统的安全漏洞评估。
❏ 生成漏洞分析报告并提交给信息安全经理和 IT 相关经理备案。
❏ 根据安全漏洞分析报告提供安全加固建议。

2）漏洞修复

❏ 根据单位职责划分，明确漏洞的归属部门，防止出现漏洞无人认领的局面。
❏ 漏洞修复负责部门依据安全漏洞分析报告及加固建议制定详细的安全加固方案（包括回退方案），报信业务部门和安全部门审批。
❏ 漏洞修复负责部门实施信息系统漏洞修复测试，观察无异常后，将修复测试结果提交给业务部门和安全部门。
❏ 漏洞修复负责部门在生产环境中实施信息系统的漏洞修复，观察结果是否有异常。
❏ 漏洞修复负责部门在完成漏洞修复后编制漏洞修复报告，并提交业务部门和安全部门备案。
❏ 安全部门负责审核漏洞修复报告，并验证漏洞修复是否彻底，若不彻底，应反馈修复部门继续修复，直到漏洞修复彻底。

3）其他建议

- 对信息系统进行漏洞修复的时间尽量选择在业务空闲时段，并留有充裕的回退时间。
- 漏洞修复实施期间业务系统支持人员应保证手机开机，确保出现问题时能及时处理。
- 对于确实无法按照要求完成修复的漏洞，能通过其他有效措施（如网络策略限制、防火墙策略限制等）处理的，通过其他有效措施处置，没有相关有效措施的，建议进行断网或下线处理。

3.总体总结

最后，我们一起来总结红队防守工作最佳实践的要点，具体如下。

（1）一把手重视，全员认知

安全一把手必须重视，全员（如办公人员、保安等）提高安全防范意识。

（2）专项组织，责任到人

牵头部门要有话语权，组织形成跨部门的专项组织，明确工作职责，责任到人。专项组织可以包括领导小组（主管安全领导，层级越高越好）、检查工作组、防护工作组（事件监测、分析研判、事件处置）和保障工作组等工作小组。

（3）摸清家底，厘清责任

梳理全部资产的属性和网络路径，明确资产的主管、运维责任，为后续工作打下基础。例如，梳理信息系统、网络设备和安全设备等基础信息，运行维护状态，责任单位（人）。

（4）收敛暴露面，减少入侵点

依据资产清单，在常规安全检查基础上梳理互联网暴露面及网络边界弱点，减少情报泄露，让攻击面缩到最小，从而缩小防守半径。例如：优化网络边界；清理"僵尸"资产；管控测试环境、供应链、中间件及业务管理后台、WIFI 及 VPN 等入口；增强安全意识，防钓鱼，保证终端安全，进行权限管理。

（5）知己知彼，整改到位

从攻击者视角出发，结合现网实际从外到内、由点及面整改互联网边界，内网横向联通，针对服务器、应用系统、集权类等设备存在的漏洞，建立漏洞隐患整改验证与跟踪机制，确保整改到位。

（6）威胁感知，分析处置

部署全流量威胁分析感知系统，建立监测、预警、分析、验证、研判、处置和溯源等能力，为指挥和决策提供支撑。

（7）检验能力，优化完善

模拟真实攻击，检验实际安全监测、防御和处置能力，及时从人员能力、监测防护措施、工作流程、协同机制等方面进行优化完善。

（8）全方位监控，合作协同

以全流量威胁分析感知系统为核心，以各类安全检测设备为辅，协同各部门及厂商共享情报信息，合作开展全方位监控工作，实施从监测到预警、分析、验证、研判、处置、溯源的闭环防守工作。

（9）总结分析，常态落实

以演练结果为数据支撑，总结工作中存在的问题并分析原因，结合日常工作制订整改方案和持续整改计划，落实具体时间、经费、责任部门及人员，并与绩效考核挂钩。

总之，实战攻防演练不只是对抗防守的保障演练活动，其最终目的是：通过对抗活动发现我们网络安全建设中的不足，进而改进和提升整体安全防御能力；基于相对独立的安全运营思路，以数据为中心建立整体网络安全防护体系，进而发挥出最强的安全能力。因此，每次在总结实战攻防演练积累的实际经验时，要沿用演练期间形成的安全运营机制、安全监测技术和应急响应策略等，在日常安全工作中持续提供安全运营能力，使网络安全防护措施持续发挥成效，最终有效提升平时与战时结合的安全防护能力。

最后，防守方要加快改进演练过程中发现的网络安全体系建设的不足，持续构建和完善总体网络安全建设体系，使其具备多道防线、纵深防御、网格防护以及内部防护的能力，将"三化六防"防护指导措施沿用到实际网络环境中。

第7章 | CHAPTER

红队常用的防守策略

由于攻防两端的不对称性，防守方的防守认知普遍落后于攻击队的攻击方法。当前攻击队普遍已经正规化、规模化、流程化、武器化，0day 漏洞储备、安全监控绕过、内存马、日志污染等隐蔽攻击手段也已经相当成熟。防守方需根据攻击者的思路、想法、打法，结合各单位实际网络环境、运营管理情况，建立全方位的纵深安全监控、防护体系，才能在攻防过程中从被动防御转变为溯源反制。本章将要讲述的内容为奇安信防守经验和技术总结，在具体环节各个单位需要结合自身的实际管理、运营、网络及业务情况调整，或者增加其他技术处置环节。

"知己知彼，百战不殆。"政企安全部门只有经历多次实战攻防的洗礼，在实战中不断加深对攻击队的攻击手段的理解，才能及时发现自身安全防护能力的缺失。防护手段应随着攻击手段的变化和升级而进行相应的改变和提升，这将是未来的主流防护思想。

攻击队一般会在前期搜集情报，寻找突破口，建立突破据点；在中期横向拓展打内网，尽可能多地控制服务器或直接打击目标系统；在后期删日志，清工具，写后门，建立持久控制权限。针对攻击队的常用套路，红队常用的应对策略可总结为收缩战线、纵深防御、守护核心、协同作战、主动防御、应急处突和溯源反制等。

7.1　信息清理：互联网敏感信息

攻击队会采用社工、工具等多种技术手段，搜集目标单位可能暴露在互联网上的敏感信息，为后期攻击做好充分的准备。而防守队除了定期对全员进行安全意识培训，严禁将带有敏感信息的文件上传至公共信息平台外，还可以通过定期搜集泄露的敏感信息，及时发现已经在互联网上暴露的本单位敏感信息并进行清理，以降低本单位敏感信息暴露的风险，同时增加攻击队搜集敏感信息的时间成本，提高其后续攻击的难度。

7.2　收缩战线：收敛互联网暴露面

攻击队会通过各种渠道搜集目标单位的各种信息，搜集的情报越详细，攻击就会越隐蔽，越快速。此外，攻击队往往不会正面攻击防护较好的系统，而是找一些可能连防守队自己都不知道的薄弱环节下手。这就要求防守队充分了解自己暴露在互联网上的系统、端口、后台管理系统、与外单位互联的网络路径等信息。哪方面考虑不到位，哪方面往往就会成为被攻陷的点。互联网暴露面越多，防守队越容易被攻击队声东击西，最终顾此失彼，眼看着被攻击却无能为力。结合多年的防守经验，我们建议从如下几方面收敛互联网暴露面。

（1）攻击路径梳理

知晓攻击队有可能从哪些地方发起攻击，对防守队部署防守力量起关键作用。政企机构的网络不断变化，系统不断增加，往往会产生新的网络边界。防守队一定要定期梳理自己的网络边界、可能被攻击的路径，尽可能梳理并绘制出每个业务系统，包括对互联网开放的系统、内部访问系统（含测试系统）的网络访问路径。内部系统全国联网的单位尤其要注重此项梳理工作。

（2）互联网攻击入口收敛

一些系统维护者为了方便，往往会把维护的后台、测试系统和高危端口私自开放在互联网上，而这在方便维护的同时也方便了攻击队。攻击队最喜欢攻击的 Web 服务就是网站后台以及安全状况较差的测试系统。红队可通过开展互联网资产发现服务工作，发现并梳理本单位开放在互联网上的管理后台、测试系统、无人维护的僵尸系统（含域名）、拟下线未下线的系统、高危服务端口、疏漏的未纳入防护范围的互联网开放系统以及其他重要资产信息（中间件、数据库等），及时整改，从而不断减小互联网侧的攻击入口。

（3）外部接入网络梳理

如果正面攻击不成，攻击队往往会选择攻击供应商、下级单位、业务合作单位等与目标单位有业务连接的其他单位，通过这些单位直接绕到目标系统内网。防守队应对这些外部的接入网络进行梳理，尤其是未经过安全防护设备就直接连进来的单位，应先连接安全防护设备，再接入内网。防守队还应建立起本单位内部网络与其他单位进行对接的联络沟通机制，这样发现从其他单位过来的网络行为异常时，能及时反馈到其他单位，与其协同排查，尽快查明原因，以便后续协同处置。

（4）隐蔽入口梳理

API、VPN、Wi-Fi 这些入口因容易被安全人员忽略而成为攻击队最喜欢的突破口，一旦被突破，攻击队就会畅通无阻。安全人员一定要梳理 Web 服务的隐藏 API、不用的 VPN、Wi-Fi 账号等，以便于重点防守。

7.3　纵深防御：立体防渗透

收缩战线工作完成后，针对实战攻击，防守队应对自身安全状态开展全面体检，此时可结合战争中的纵深防御理论来审视当前网络的安全防护能力。互联网端防护、内外部访问控制（安全域间甚至每台机器之间）、主机层防护、供应链安全甚至物理层近源攻击的防护，都需要考虑进去。通过层层防护，尽量拖慢攻击队扩大战果的节奏，将损失降至最小。

（1）资产动态梳理

清晰的信息资产是防守工作的基石，对整个防守工作的顺利开展起决定作用。防守队应该通过开展资产梳理工作，形成信息资产列表，至少包括单位环境中的所有业务系统、框架结构、IP 地址（公网、内网）、数据库、应用组件、网络设备、安全设备、归属信息、业务系统接口调用信息等，同时结合收缩战线工作的成果，最终形成准确清晰的资产列表。此外，防守队还应定期动态梳理，不断更新，确保资产信息的准确性，为正式防守工作奠定基础。

（2）互联网端防护

互联网作为防护单位最外层的接口，是重点防护区域。互联网端的防护工作可从网络安全防护设备部署和攻击检测两方面开展。需要部署的网络安全防护设备包括下一代防火墙、防病毒网关、全流量分析设备、防垃圾邮件网关、WAF、IPS 等。攻击检测方面，如果有条件，可以事先对互联网系统进行一次完整的渗透测试，检测其安全状况，查找其存在的漏洞。

（3）访问控制策略梳理

访问控制策略的严格与否对防守工作至关重要。从实战情况来看，严格的访问控制策略都能对攻击队产生极大的阻碍。防守队应通过访问控制策略梳理工作，重新厘清不同安全域，包括互联网边界、业务系统（含主机）之间、办公环境、运维环境、集权系统的访问、内部与外部单位对接访问、无线网络策略等的访问策略。

防守队应依照"最小原则"，只对必须使用的用户开放访问权限。按此原则梳理访问控制策略，防止出现私自开放服务或者内部全通的情况。这样，无论是对于阻止攻击队撕破边界打点，还是对于增加攻击队进入内部后开展横向渗透的难度，都是非常简单有效的手段。通过严格的访问控制策略尽可能为攻击队制造障碍。

（4）主机加固防护

攻击队在从突破点进入内网后，首先做的就是攻击同网段主机。主机防护强弱决定了攻击队内网攻击成果的大小。防守队应从以下几方面对主机进行防护：对主机进行漏洞扫描，基线加固；仅安装必要的软件，关闭不必要的服务；杜绝主机弱口令，结合堡垒机开启双因子认证登录；高危漏洞必须打补丁（包括安装在系统上的软件高危漏洞）；开启日志审计功能。部署主机防护软件对服务进程、重要文件等进行监控，如果条件允许，还可以开启防护软件的"软蜜罐"功能，进行攻击行为诱捕。

（5）供应链安全

攻击队擅长对各行业中广泛使用的软件、框架和设备进行研究，发现其中的安全漏洞，以便在攻防对抗中有的放矢，突破防守队的网络边界，甚至拿下目标系统权限。

政企机构在安全运营工作中，应重视与供应链厂商建立安全应对机制，要求供应链厂商建立起自身网络环境（如搭建带有参演单位业务的测试环境，还对互联网开放）和产品（包括源码、管理工具、技术文档、漏洞补丁等）的安全保障机制，一旦暴露出安全问题，及时提供修复方案或处置措施。

同时，供应链厂商也应建立内部情报渠道，提高产品的安全性，为政企机构提供更可靠、更安全的产品和服务。

7.4 守护核心：找到关键点

正式防守工作中，应根据系统的重要性划分出防守工作重点，找到关键点，集中力量进行防守。根据实战攻防经验，核心关键点一般包括靶标系统、集权系统、重要业务系统等。在防守前应再次对这些重点系统进行梳理和整改，梳理得越细越好。必要时对这些系统进行单独评估，充分检验重点核心系统的安全性。同时，应对重点系统的流量、日志进行实时监控和分析。

（1）靶标系统

靶标系统是实战中攻防双方关注的焦点，靶标系统失陷，则意味着防守队的出局。防守队在靶标系统的选择与防护上应更具有针对性。首先，靶标系统应经过多次安全测试，自身安全有保障；其次，应梳理清与靶标系统互通的网络，重新进行访问控制策略梳理，按照"最小原则"开放访问权限；最后，靶标系统应部署在内部网络中，尽可能避免直接对互联网开放。条件允许的情况下，还可以为靶标系统主机部署安全防护软件，对靶标系统主机进行进程白名单限制，在防守中，可实时监测靶标系统的安全状态。

（2）集权系统

集权系统一般包括单位自建的云管理平台、核心网络设备、堡垒机、SOC平台、VPN等，它们是攻击队最喜欢攻击的内部系统。一旦集权系统被拿下，则集权系统所控制的主机可同样视为已被拿下，因此拿下集权系统的杀伤力巨大。

集权系统是内部防护的重中之重。防守队一般可从以下几方面做好防护：集权系统的主机安全、集权系统已知漏洞加固或打补丁、集权系统的弱口令、集权系统访问控制、集权系统配置安全以及集权系统安全测试等。

（3）重要业务系统

重要业务系统如果被攻击队攻破，也会作为攻击队的一项重要的攻击成果，因此，防守队也应对重要业务系统重点防护。针对此类系统，除了常规的安全测试、软件和系统补丁升级及安全基线加固外，还应加强监测，并对其业务数据进行重点防护。可通过部署数据库审计系统、DLP系统加强对数据的安全保护。

7.5 协同作战：体系化支撑

大规模有组织的攻击，其攻击手段会不断变化升级，防守队在现场人员无法应对攻击的情况下，应借助后端技术资源，相互配合，协同作战，建立体系化支撑，只有这样，才能有效应对防守工作中面临的各种挑战。

（1）产品应急支撑

产品的安全、正常运行是防守工作顺利开展的前提。但在实战中不可避免地会出现产品故障、产品漏洞等问题，影响到防守工作。因此防守队需要会同各类产品的原厂商或供应商，建立起产品应急支撑机制，在产品出现故障、安全问题时，能够快速得到响应和解决。

（2）安全事件应急支撑

安全事件的应急处置一般会涉及政企机构中多个部门的人员，防守队在组建安全事件应急团队时，应充分考虑要纳入哪些人员。在实战中需要对发生的安全事件进行应急处置时，如果应急团队因技术能力不足等问题而无法完成对安全事件的处置，可考虑寻求其他技术支撑单位的帮助，来弥补本单位应急处置能力的不足。

（3）情报支撑

随着攻防演练不断向行业化、地区化发展，攻击手段的日益丰富，0day漏洞、Nday漏洞、钓鱼、社工、近源攻击的频繁使用以及攻击队信息搜集能力的大大提高，攻击队已发展出集团军作战模式。

所以，在实战阶段，仅凭一个单位的防守力量可能难以有效应对攻击队的狂轰滥炸。各个单位的防守队伍须建立有效的安全情报网，通过民间、同行业、厂商、国家、国际漏洞库收集情报，形成情报甄别、情报利用机制，从而高效地抵御攻击队攻击。攻防演练对抗的本质就是信息战，谁掌握的情报更多、更准确，谁就能立于不败之地。

（4）样本数据分析支撑

现场防守人员在监测中发现可疑、异常文件时，可将可疑、异常文件提交至后端样本数据分析团队，并根据样本分析结果判断攻击入侵程度，及时开展应对处置工作。

（5）追踪溯源支撑

当现场防守人员发现攻击队的入侵痕迹，需要对攻击队的行为、目的、身份等开展溯源工作时，可寻求追踪溯源团队的帮助，凭借其技术力量分析出攻击队的攻击行为、攻击目的乃至身份。必要时，还可以一起对攻击队开展反制工作，将防守成果最大化。

7.6　主动防御：全方位监控

近两年的红蓝对抗中，攻击队的手段越来越隐蔽，越来越单刀直入，通过0day、Nday直指系统漏洞，直接获得系统控制权限。

红队需要掌握完整的系统隔离手段，因为蓝队成功攻击到内网之后，会对内网进行横向渗透，这时系统之间的隔离显得尤为重要。红队必须清楚哪些系统之间有关联，访问控制策略是什么。在发生攻击事件后，应当立即评估受害系统范围和关联的其他系统，并及时做出应对的访问控制策略，以防止内部持续的横向渗透。

任何攻击都会留下痕迹。攻击队会尽量隐藏痕迹，防止被发现；而防守者与之相对，需要尽早发现攻击痕迹，并通过分析攻击痕迹调整防守策略、溯源攻击路径，甚至对可疑攻击源进行反制。建立全方位的安全监控体系是防守队最有力的武器。总结多年实战经验，我们认为有效的安全监控体系应包含如下几方面内容。

（1）自动化的IP封禁

在整个红蓝对抗的过程中，如果红队成员7×24小时不间断地从安全设备的告警中识别风险，将极大消耗监测人员和处置人员的精力。通过部署态势感知系统与安全设备联动规则，收取全网安全设备的告警信息，在态势感知系统收到安全告警信息后，根据预设规则自动下达边界封禁策略，使封禁设备能够做出及时有效的阻断和拦截，从而大大降低人工的参与度，提高红队的防守效率。

（2）全流量网络监控

任何攻击都要通过网络，并且会产生网络流量。攻击数据和正常数据肯定是不同的，通过监控全网络流量以捕获攻击行为是目前最有效的安全监控方式。红队通过全流量安全监控设备，结合安全人员的分析，可快速发现攻击行为，并做出针对性防守动作。

（3）主机监控

任何攻击的最终目标都是获取主机（服务器或终端）权限。通过部署合理的主机安全软件，审计命令执行过程，监控文件创建进程，及时发现恶意代码或 Webshell，并结合网络全流量监控措施，可以更清晰、准确、快速地找到被攻击的真实目标主机。

（4）日志监控

对系统和软件的日志监控同样必不可少。日志监控是帮助防守队分析攻击路径的一种有效手段。攻击队攻击成功后，打扫战场的首要任务就是删除日志或者切断主机日志的外发，以防止防守队追踪。防守队应建立一套独立的日志分析和存储机制，对于重要目标系统可派专人对目标系统日志和中间件日志进行恶意行为的监控与分析。

（5）蜜罐诱捕

随着红蓝对抗的持续发展，蜜罐技术逐渐成为红队改变被动挨打局面的一把利剑。蜜罐技术的特点是：诱导攻击队攻击伪装目标，持续消耗攻击队资源，保护真实资产；监控期间对所有的攻击行为进行分析，可意外捕获 0day 信息。

目前，蜜罐技术可分为 3 种：自制蜜罐、高交互蜜罐和低交互蜜罐。此外，还可以诱导攻击队下载远控程序，定位攻击队自然人身份，提升主动防御能力，将对抗工作由被动变主动。

（6）情报工作支撑

现场防守队员在防守中需要从两方面用好情报：一是要善于利用情报搜集工作提供的各种情报成果，根据情报内容及时对现有环境进行筛查和处置；二是就已获取的情报请求后端资源进行分析和辨别，以方便采取应对措施。

7.7　应急处突：完备的方案

从近几年的红蓝对抗发展来看，红蓝对抗初期，蓝队成员通过普通攻击方式，不使用 0day 或其他攻击方式，就能轻松突破红队的防守阵地。但是，随着时间的推移，红队防护体系早已从只有防火墙做访问控制，发展到包含 WAF、IPS、IDS、EDR 等多种防护设备。这些防护设备使得蓝队难以突破，逼迫蓝队成员通过 0day、Nday、现场社工、钓鱼等多种方式入侵红队目标，其攻击呈现出无法预估的特点。

应急处突是近两年红蓝对抗的发展趋势，也是体现红队防守水平的地方；不仅考验应急处置人员的技术能力，更检验多部门（单位）协同能力。制订应急预案应当从以下几方面进行。

1）完善各级组织结构，如监测组、研判组、应急处置组（网络小组、系统运维小组、应用开发小组、数据库小组）、协调组等。

2）明确各方人员在各个组内担任的职责，如监测组的监测人员负责某台设备的监测，并且 7×12 小时不得离岗等。

3）明确各方设备的能力与作用，如防护类设备、流量类设备、主机检测类设备等。

4）制定可能出现的攻击成功场景，如 Web 攻击成功场景、反序列化攻击成功场景、Webshell 上传成功场景等。

5）明确突发事件的处置流程，将攻击场景规划至不同的处置流程，如上机查证类处置流程、非上机查证类处置流程等。

7.8 溯源反制：人才是关键

溯源工作一直是安全的重要组成部分，无论在平常的运维工作中还是在红蓝对抗的特殊时期，在发生安全事件后，能有效防止被再次入侵的手段就是溯源工作。

在红蓝对抗的特殊时期，防守队中一定要有经验丰富、思路清晰的溯源人员，能够第一时间进行应急响应，按照应急预案分工，快速理清入侵过程，并及时调整防护策略，防止被再次入侵；同时也为反制人员提供溯源到的真实IP，进行反制工作。

反制工作是红队反渗透能力的体现。普通防守队员一般只具备监测、分析、研判的能力，缺乏反渗透的实力。这将使防守队一直属于被动的一方，因为防守队既没有可反制的固定目标，也很难从成千上万的攻击 IP 里确定攻击队的地址。这就要求防守队中有经验丰富的反渗透人员。

经验丰富的反渗透人员会通过告警日志分析攻击 IP、攻击手法等内容，对攻击 IP 进行端口扫描、IP 反查域名、威胁情报等信息收集类工作，并通过收集到的信息进行反渗透。

红队还可以通过效仿蓝队的社工手段，诱导蓝队进入诱捕陷阱，从而达到反制的目的——定位蓝队自然人身份信息。

红队常用的防护手段

防护手段是落地防护策略的基础，但"不知攻，焉知防"，近年随着网络攻击的手段、方法的层出不穷，攻击技术的不断发展，红队的网络防御难度也越来越大，需要不断更新才能更好地保障网络安全。结合近几年实战攻防演练中蓝队常用的信息收集、钓鱼邮件、供应链攻击等常用攻击手段和重点，本章将通过五种防护手段来确保防御策略中信息清理、收缩战线、纵深防护的有效执行。

8.1 防信息泄露

信息搜集是攻防活动中攻击者进行的第一步操作，也是非常重要的一步。为了防止攻击被发现，攻击队一般会采取外围信息收集的策略，并根据搜集到的数据的质量确定后续的攻击方法或思路。外围信息收集的主要来源是信息泄露。信息泄露及其处置方式主要分为以下几类。

8.1.1 防文档信息泄露

许多开发人员、运维人员安全意识不足，例如，为了方便或赚积分把一些未脱敏文件上传到网盘、文库、运维群等公共平台上，造成关键文档信息泄露。如果密码、接口信息、网络架构等文档信息泄露，攻击者会根据泄露信息绕过安全防护，使安全防护形同虚设。

攻击者一般会通过如下几类网站或工具搜索目标单位信息：

❑ 学术网站类，如知网 CNKI、Google 学术、百度学术；

❑ 网盘类，如微盘 Vdisk、百度网盘、360 云盘等；

❑ 代码托管平台类，如 GitHub、Bitbucket、GitLab、Gitee 等；

❑ 招投标网站类，自建招投标网站、第三方招投标网站等；

❑ 文库类，如百度文库、豆丁网、道客巴巴等；

❑ 社交平台类，如微信群、QQ 群、论坛、贴吧等。

最受攻击者欢迎的文档信息包括以下几类。

❑ 使用手册：VPN 系统、OA 系统、邮箱等系统的使用手册，其中的敏感信息可能包含应用访问地址、默认账号信息等。

❑ 安装手册：可能包含应用默认口令、硬件设备的内外网地址等。

❑ 交付文档：可能包含应用配置信息、网络拓扑、网络的配置信息等。

具体处置建议如下。

1）从制度上明确要求敏感文档一律不准上传到网盘或文库，并定期审查。

2）对第三方人员同样要求涉及本单位的敏感文档，未经合同单位允许不得共享给项目无关人员，不得上传到网盘、文库、QQ 群共享等公共平台。一经发现，严肃处理。

3）定期去上面提到的各类网站或工具中搜索自己单位的关键字，如发现敏感文档要求上传者或平台删除。

8.1.2 防代码托管泄露

开发者利用社交编程及代码托管网站，使用户可以轻易地管理、存储和搜索程序源代码，这些代码托管网站受到了广大程序员们的热爱。然而，缺乏安全意识的程序员可能会将组织或客户公司的源代码全部或部分上传到代码托管网站。攻击者找到目标单位源代码后会直接对源代码进行安全审计，通过白盒测试挖掘系统漏洞，使得部分防御措施失效或精准绕过防护规则；或者源代码中包含的敏感信息可能会涉及应用连接的账号和密码、配置信息等重要信息，泄露后会被直接利用。针对防代码托管泄露的建议如下：

1）在制度上严禁项目源代码公开到代码托管网站；

2）禁止开发人员私自将源代码复制到不可控的电脑上；

3）定期在 GitHub、Bitbucket、GitLab、Gitee 等各大代码托管网站上搜索自己单位的关键字，如发现上面有自己单位的源代码，要求上传者或平台删除。

8.1.3　防历史漏洞泄露

大多数攻击者会在漏洞平台上搜索目标单位系统或与目标单位系统指纹相同系统的漏洞信息，并根据漏洞信息测试漏洞是否存在，如果漏洞未修复，则会直接利用。目前主流的漏洞上报平台如下。

❑ 补天平台：https://www.butian.net/。
❑ 漏洞盒子：https://www.vulbox.com。
❑ 乌云镜像：http://www.anquan.us。
❑ Hackerone：https://www.hackerone.com。

处置建议如下：

1）收集各大漏洞平台上关于本单位的漏洞信息，逐一验证修复情况；

2）收集和本单位使用相同商业系统或开源系统的漏洞信息，逐一验证本单位系统是否存在漏洞平台披露的漏洞。

8.1.4　防人员信息泄露

目标单位人员的邮箱、电话、通讯录等信息泄露也会带来一定程度的安全隐患，攻击者可以用这些信息来对这些人员采取定向钓鱼、社工等手段，控制他们的电子设备，从而进行进一步的信息收集和入侵。

处置建议如下：

1）增强人员安全意识，不要轻易打开可疑邮件，不得向未经确认人员泄露敏感信息，禁止将未经确认人员添加到业务群或其他敏感工作群；

2）禁止在程序源代码里放管理员邮箱、电话等敏感信息。

8.1.5　防其他信息泄露

除上述可能造成的信息泄露外，攻击者也会收集目标单位的供应商信息、单位组织结构或下属单位信息，并通过攻击这些目标迂回攻击目标单位信息系统。这也是攻击者较常使用的攻击手段。

处置建议如下：

1）与下属单位的系统互联，上网络层面部署安全防护和检测设备，接入前下属单位系统要出具代码审计和渗透测试报告，保障接入安全；

2）不要和其他系统单位或个人共用密码，如有条件可增加动态密码或者密钥认证，防止黑客撞库攻击；

3）对于托管在公有云上的系统，要求云提供商单独部署，不得与其他单位系统共用网段、服务器以及存储等组件，防止旁路攻击。

8.2　防钓鱼

社会工程学是一种通过人际交流的方式获得信息的非技术渗透手段。不幸的是，这种手段非常有效，而且应用效率极高。事实上，社会工程学已是企业安全最大的威胁之一。目前社工手段主要有以下几种。

（1）邮件钓鱼

攻击者通过目标单位泄露的邮件地址，利用发送时事热点、冒充领导、冒充维护人员、邮箱升级等钓鱼手段，在邮件的链接和附件中隐藏恶意链接或样本，诱骗安全意识差的内部人员点击、下载或运行，达到控制其 IT 设备的目的。

建议的防御措施如下：

1）提高人员（特别是管理员）的安全意识；

2）收到邮件后仔细鉴别邮件的标题、发件人、信件内容等；

3）谨慎打开邮件附件及附件中的链接等；

4）不要轻易打开陌生邮件里的链接。

（2）网络钓鱼

攻击者利用热点网络文章（带链接和工具附件）、社交软件、微信公众号等，诱导用户点击恶意链接进行钓鱼攻击。

建议的防御措施如下：

1）提高人员（特别是管理员）的安全意识；

2）对网络上分享的内容进行鉴别，谨慎使用分享工具等；

3）谨慎点击收到的通知或信息中的链接，谨慎下载链接中的附件等。

（3）人员冒充

攻击者冒充上级单位、监管机构、供应商通过电话、短信等方式套取重要信息。近年来已有多个参演单位发现冒充上级单位、监管机构以检查的名义索要资产信息和联系人的钓鱼事件，以及冒充供应商等以维护、检查等名义索要资产信息的钓鱼事件。

建议的防御措施如下：

1）建立上级单位、监管机构、供应商的沟通机制和联络人名单，通过正常沟通流程进行沟通；

2）对接收到的问询等进行人员身份确认，若无法确认，则不提供任何信息。

（4）反向社工

攻击者紧跟时事热点，发布并扩散故障公告和钓鱼联系方式，等待用户主动联系时进行钓鱼，如冒充某些设备或安全厂商发布漏洞公告和联系方式的钓鱼事件。

建议的防御措施如下：

1）通过正规方式联系消息发布人；

2）如对方询问敏感信息，不要泄露；

3）如对方要求现场维护，须让对方出具证明，待身份确认后方可允许对方进入，内部人员须全程陪同。

8.3　防供应链攻击

有些时候目标单位的软件供应商也会成为攻击者的攻击目标。攻击者通过攻击供应商有可能获得目标单位的维护账号、人员信息、部署资料、测试系统、系统源代码等大量敏感信息。攻击者采取信息整合，如代码审计、社工、维护账号登录等各种手段攻击目标系统。供应商的安全防护问题主要有以下几个。

（1）供应商本地和远程维护问题

供应商在本地维护的过程中，维护人员的安全意识不足、供应商人员和设备未经安全检测接入网络、私自开放管理后台、管理员账号为弱口令、私自开通维护账号等都会给目标单位带来安全风险。如存在远程后台或通过 VPN 拨入维护的情况，则安全风险会大大增加。供应商安全维护的建议如下：

1）制定供应商安全维护管理规范；

2）禁止供应商远程维护系统；

3）本地维护时，未经许可不得将自带设备接入内网；

4）维护时必须有参演单位人员陪同；

5）维护时必须通过堡垒机登录，可审计和监控是否出现其他违规维护行为；

6）供应商不得记录参演单位除堡垒机维护密码以外的密码。

（2）供应商测试系统问题

需要特别注意的是，部分供应商会将目标单位所采购系统软件的测试系统发布在互联网上供客户测试使用，这同样是一个重大的风险点。防护建议如下：

1）测试系统所采用的密码口令不得在正式环境中出现；

2）禁止供应商将目标单位真实数据放在商业测试系统上；

3）安装路径尽量不要采用默认路径；

4）关闭不用的功能和目录；

5）管理好供应商内部 SVN/Git。

开发商 / 外包商内部自建的 Git/SVN 等源代码管理服务器，一般都会存有已经交付给参演单位的信息系统源代码，而开发商 / 外包商的源代码系统管理安全能力和参演单位相比可能要差几个数量级。后果就是：攻击者通过获得的源代码，发现系统应用 0day，从而控制参演单位已上线信息系统。解决方案如下：

1）督促供应商加强自身源代码管理服务器管理；

2）源代码服务器不得联网，和内部其他系统物理隔离。

8.4　防物理攻击

物理安全就是保护一些比较重要的网络边界、设备不被接触。目前比较流行的物理攻击主要有以下几种。

（1）Wi-Fi 破解

主动进入参演单位现场或接待室，或在参演单位办公地附近的公共场所搜索 Wi-Fi 进行破解，破解成功后进入参演单位的内网环境进行进一步的渗透。建议从以下几方面进行防御：

1）对进入接待区的人员进行确认，防止闲散人员进入；

2）对于无线接入采用严格的验证机制和准入控制措施，防止被利用；

3）对无线接入后的权限进行控制；

4）公共无线接入最好和办公内网隔离；

5）关闭 Wi-Fi 无线广播功能。

（2）冒充上门维护

冒充供应商，要求进机房检查线路或设备，或者在分支机构、营业网点等安全意识薄弱的地点要求检查和维护设备，趁机进行网络攻击。

要防止此类攻击，建议采取以下措施：

1）对现有的各类产品及服务的供应商清单进行梳理；
2）对上门维护的人员进行身份验证；
3）对上门维护的事项进行确认；
4）对物理接触设备的人员的行为进行跟踪和监视。

（3）历史后门利用

攻击者也会通过扫描的方式检测目标单位网站是否存在 Web 或系统后门，例如冰蝎后门、一句话后门、Webshell、按五下 Shift 键弹出 CMD 等。这种攻击方式也很常见。常用的防御方法如下：

1）对所有互联网开放 Web 系统进行失陷检测，查找是否有后门链接情况；
2）扫描和检测网站代码是否存在后门木马文件，或者根据后门内容特征全盘搜索存在该特征内容的文件；
3）定期查看安全检测设备报警，是否有后门链接报警。

8.5 防护架构加强

8.5.1 互联网暴露面收敛

1. 使互联网出口可控、可检测

大型单位往往有多个互联网出口，这意味着攻击者可能会从多个入口进入，为攻击行为的监测和防御带来影响。为了发现和阻断攻击，大型单位需要在每个出口部署相关的监测设备和防护设备，这也意味着需要投入更多的人员进行相应的监测分析和响应工作。

处置建议如下。

1）尽量合并减少互联网出口。

2）进行互联网出口功能规划，如划分正式 Web 发布出口、互联网测试系统出口、终端上网互联网出口、托管系统互联网出口等，根据不同出口进行有针对性的安全防护和监控。

2. VPN 接入控制

VPN 为大家带来便利的同时也是最受攻击者青睐的攻击路径之一，一旦 VPN 被攻陷，攻击者进入内网后将畅通无阻。同时由于 VPN 的加密属性，攻击者可以绕过所有安全防护设备，而且还不易被发现。

处置建议如下。

1）对于存在多套 VPN 的，尽量进行合并处理。

2）对于保留供应商的 VPN 远程维护通道的，采用随用随开、用完即关的策略。

3）采用 VPN+ 准入认证双层认证，即在 VPN 拨入后增加准入认证和双因素认证。一旦 VPN 被攻陷，准入认证将是第二道防护屏障。

4）VPN 账号梳理：对于 VPN 账号尤其是外部人员的 VPN 账号能禁用就禁用，不能禁用的，可以按照使用时间段进行控制。

5）VPN 权限清理：对于拨入 VPN 后能够访问的资源进行明确授权。

6）VPN 账号清理：对默认的管理账号进行清理；对于已分配的 VPN 账号，对从未使用过的进行关停处理，对其他账号采用强密码策略并定期修改密码。

3. 对外发布系统资产排查

IT 部门普遍存在资产管理缺陷，而安全部门无法管控对外发布系统的所有资产，导致有些停用的、测试后需要下线的、不用的功能模块，不需要开放在互联网上的系统以及未经过安全检测私自上线的系统依然发布在互联网上。这些系统由于缺乏维护普遍安全性较低，会成为攻击者重点攻击的对象。

处置建议如下。

1）让各业务处室自行梳理需要开放在互联网上的系统域名和端口并上报安全管理员，只在互联网上开放业务处室上报的系统域名和端口，其他的一律关闭互联网访问。

2）测试系统和正式上线系统不得部署在同一发布区内，单独划分测试系统区域和互联网出口。

3）在用的系统对相关的功能模块进行排查，对于不使用的功能模块进行下线或关停处理。

4. 开放在互联网上的 API 排查

较大单位的信息系统互联相对复杂，系统之间可能存在接口调用情况，而不安全的接口调用方式会被攻击者利用。例如，不得不开放在公网的 API，基于用户的分布特性又难以限制可接入 IP，因而容易受到 API 参数篡改、内容篡改、中间人攻击等安全威胁。

处置建议如下。

1）通常情况下，WebAPI 是基于 HTTP 协议的，也是无状态传输的，故而认证任务需要我们自己实现。原则上每一次 API 请求都需要带上身份认证信息，通常使用的是 API key。

2）加密和签名。为保证信息的保密性和完整性，通常使用 SSL/TLS 来加密通信消息，由 API 客户端发送和接收。签名用于确保 API 请求和响应在传输过程中未被篡改。

3）关闭不需要的 API 功能（如文件上传功能）。

4）API 必须使用文件上传功能的，需要对上传文件扩展名（或强制重命名）、内容、格式进行合规检测，同时关闭上传文件夹执行权限。

5. 管理后台排查

攻击者最习惯的渗透方式就是直接找网站的管理后台，通过暴力破解、撞库、默认用户名及密码或者后台指纹漏洞收集等方式进行攻击。一旦攻击成功，即可直接取得网站所有权限。原则上管理后台不得联网，但有些运维人员为了方便还是会把管理后台发布在互联网上。

处置建议如下。

1）进行安全制度约束，禁止将任何互联网系统后台发布在互联网上。

2）定期通过人工或脚本扫描本单位互联网发布系统后台的管理路径，一旦发现，通报关闭。

8.5.2　网络侧防御

从实战来看，安全的网络架构、部署得当的防护和监控设备、合理的安全域划分、域之间的访问控制被证明是有效安全防护的基础。网络侧的安全防护应注意以下几点。

1. 网络路径梳理

网络环境复杂的单位应定期梳理所有外部系统接入本单位内部网络的网络路径，并给出网络路径图。通过网络路径梳理判断攻击者可能的攻击路径，并尽可能在所有攻击路径上部署安全防护设备和安全检测设备，避免攻击路径梳理不全面造成监控缺失，进而导致核心或目标系统被攻陷或对于攻击发现不及时。

处置建议如下。

1）外部系统网络连接必须将外联区域作为唯一路径，其他路径一律禁止。

2）本单位广域专网和互联网区域互联最好通过网闸连接，广域专网不得上互联网。

3）与下属单位广域专网连接路径一定要部署防护设备和安全监控设备。

2. 安全的网络架构

合理的网络架构是安全防护、限制攻击路径、防止攻击范围蔓延的天然屏障。一个好的网络架构应包含如下几方面。

1）可控的、规划合理的互联网发布出口。互联网终端区最好与服务器区物理隔离，不共用互联网出口。

2）合理的安全域划分，必须建立外连区，所有外部接入网络必须经由外连区唯一路径接入，形成清晰可控的与其他网络互联的网络路径。外连区应具有和服务器区同等的防护水平。单独划分业务系统测试区，并严格控制测试区和生产服务器区的数据互通情况，最好进行物理隔离。

3）完善的各个网络接入路径与安全域间竖向和横向的安全防护措施。

4）合理安全的域间访问控制策略。在原有安全域的基础上，应明确互联网接入区、外连区、安全管理区、终端区、服务器区和测试区之间的互联关系。

5）内网终端不可上互联网，访问内网服务应通过代理。

6）安全管理区最好采用带外管理，和业务数据分开。

3. 访问控制

合理、有效的域间访问控制被证明是最好的防护和防内网蔓延手段，各个安全域间须根据业务需要对访问的地址、服务严格按照最小原则配置防火墙安全策略。一般的访问控制根据安全级别、数据传输业务的不同分为如下几种。

1）逻辑物理隔离系统间访问控制：一般建议生产专网和可上互联网网络间采取这种控制方式；通过代理数据摆渡的方式进行数据传输，隐藏专网内部结构，数据传输路径可控。

2）单项数据传输访问控制：一般是数据上传和数据拉取时采用的访问控制模式，防火墙只需要配置单项传输的目标 IP、源 IP、端口或协议通过即可。

3）双向数据访问访问控制：一般只有对内或对外提供的业务服务才会产生双向数据访问，此时只需要按照最小原则开通对外开放的 IP、端口或协议即可。如需更严格，则可根据业务提供的时间进行基于时间的访问控制策略。

8.5.3　主机侧防御

做好主机侧的安全防御是防止攻击者提权、横向渗透、后渗透持续控制的最有效安全手段。主机侧防御的技术关键点主要有以下几个。

1. 及时安装漏洞补丁

操作系统及安装软件的漏洞是攻击者用来控制主机、提权、上传后门软件、抓取密码的基础，目标单位须建立定期和紧急针对系统或相关软件打安全补丁的机制。可通过和相关安全组织或安全厂商建立威胁情报共享机制，监控本单位涉及的操作系统和软件的漏洞通报情况。若出现紧急漏洞，则需要立即打上相关安全补丁；对于严重漏洞，如MS17-010、MS08-067、MS06-040等可直接远程控制系统的漏洞，需要及时安装相关补丁以防止攻击者利用；对于其他高危补丁，可定期安装。具体建议如下：

1）本单位根据IT资产建立高危漏洞通报机制；

2）定期进行漏洞扫描，定期对产生的高危漏洞打补丁；

3）在新系统或软件上线前打全安全补丁；

4）为主机安装加固防护软件，并定期更新相关规则库；

5）安装杀毒软件，及时更新病毒库。

2. 安全加固

系统或软件不当的配置也会被攻击者利用，造成系统被入侵。单位应建立系统和各个软件的安全配置基线，并定期更新安全配置基线配置策略，同时对之前的安全配置进行检查和更新。安全加固建议如下：

1）最小原则安装系统，仅安装用得到的服务或功能，其他服务或功能不安装或关闭；

2）最小权限安装软件，禁止使用管理员权限安装软件，给安装软件单独分配用户权限；

3）禁止使用默认配置，仅开放需要的功能，修改默认用户名和密码；

4）系统远程登录或软件管理后台配置白名单访问；

5）关闭不安全的登录或传输协议，如Telnet登录；

6）开启安全日志记录功能。

3. 其他根据实际业务情况需要加固的加固项

（1）弱密码

弱密码口令是攻击者最喜欢的漏洞，可被直接利用，形成更深层的数据泄露和安全漏洞。弱口令包括以下几类。

1）常见密码：如 123456、1qaz2wsx、12345qwert 等密码字典里肯定会有的常见弱密码。

2）默认密码：系统或软件默认口令，如 MySQL 默认口令 sa、ldap 默认空密码等。

3）相同口令或规则口令：管理员为了方便，一般会对一批服务器都用一个口令或者规则口令，这为入侵者横向扩展提供了巨大的便利。建议采用密码加动态口令的登录方式。

（2）中间件防御

1）中间件版本及漏洞。Web 中间件作为 Web 服务发布软件直接暴露在互联网或专网。近几年陆续爆出中间件远程代码执行高危漏洞，中间件成为攻击者越来越喜欢利用并挖掘的攻击点，这也为中间件的安全敲响了警钟。目前比较主流的 Web 中间件有 WebLogic、WebSphere、JBoss、Tomcat、Nginx 等。防范该类漏洞的方式有以下几种：

① 定期打安全补丁；
② 将中间件升级到安全的版本；
③ 禁用不用的有安全问题的组件；
④ 不对外开放后台管理端口或敏感目录；

2）中间件后台。中间件后台暴露在互联网上也会引起极大风险。一旦攻破中间件后台，攻击者可直接部署 Webshell 控制 Web 网站。中间件后台防护手段如下：

① 禁止采用默认路径和默认端口；
② 禁止中间件后台暴露在互联网上；
③ 中间件后台在内网限制地址进行访问；
④ 禁止使用中间件默认用户名和密码；
⑤ 禁止在生产环境发布测试系统。

3）中间件配置加固。中间件的配置不当也会造成安全问题，例如，未限制HTTP 传输方式、网站目录文件任意下载、测试页面和默认口令等都可以被攻击者利用。Web 中间件安全加固建议如下：

① 修改默认的用户名和密码；

② 禁止列网站目录功能；

③ 删除测试页面；

④ 正式环境下禁止将报错文件直接返给用户；

⑤ 如无特殊需求，HTTP 传输方式固定为只允许 POST 和 GET 方式；

⑥ 开启日志功能；

⑦ 上传文件夹关闭运行权限；

⑧ 中间件管理员用户名配置强口令；

⑨ 根据不同中间件特性制定加固基线。

8.5.4　Web 侧防御

作为开放在外的应用系统，Web 应用常常会被攻击者作为首要的攻击目标。他们攻击的主要步骤为：第一步，获取 Web 权限；第二步，提权获取系统权限；第三步，建立隐蔽通信隧道；第四步，寻找其他跳板机；第五步，在同网段横向渗透。Web 应用作为常规第一突破口，是安全防护的重中之重。除了常规的 Web 防护设备和监控设备外，为了防止黑客绕过 Web 检测设备，Web 侧防御应参考如下几类。

1. Web 安全漏洞

除了常见的 Web 漏洞（OWASP TOP 10）和常规渗透测试，还应注意以下可能产生漏洞的点。

1）开发框架漏洞。出于某种原因，开发者一般都会在成熟的开发框架上开发应用系统，不会改动开发框架的代码。这样一来，开发者在引入开发框架的同时可能也把该开发框架的漏洞一同引入了开发的系统。目前主流的开发框架有 Struts2、Spring、ThinkPHP 等。解决建议如下：

① 充分掌握本单位应用系统利用的开发框架，跟踪漏洞平台和安全厂商披

露的涉及本单位所用开发框架的漏洞，并根据处置建议加固或者升级。

② 遵从最小应用原则，删除不用的应用组件。

2）主流 CMS 漏洞。各个单位可能会采用比较成熟的 CMS 管理或发布网站内容。如果单位的 CMS 暴露在互联网上，且 CMS 名称和版本暴露的话，攻击者就可能会在各漏洞平台搜索该 CMS 已被披露的利用漏洞，或自己搭建环境挖掘该系统漏洞，挖掘成功后就可以成功攻陷目标单位 CMS。安全建议如下：

① 禁止将 CMS 暴露在互联网上；
② 尽量隐藏商业 CMS 名称和版本；
③ 删除不使用的功能模块。

3）编辑器漏洞。单位论坛、管理后台可能会引用第三方编辑器的丰富编辑功能。某些主流编辑器或版本存在漏洞，被攻击者发现的话也会存在较大的安全风险。解决建议如下：

① 充分掌握本单位引用的编辑器名称和版本，跟踪漏洞平台和安全厂商披露的涉及本单位所用编辑器的漏洞，并根据处置建议加固或者升级。

② 遵从最小应用原则，删除不用的功能组件。

4）商业系统漏洞：各个单位可能会采用比较成熟的商业 Web 系统，如致远 OA、帆软报表等商业系统，如果该商业系统暴露在互联网上，且系统名称和版本暴露的话，攻击者会在各漏洞平台搜索披露的该商业系统利用漏洞，或自己搭环境挖掘该系统漏洞，挖掘成功后攻击目标单位商业系统。安全建议如下：

① 尽量隐藏商业系统名称和版本；
② 删除不用的功能模块；
③ 及时更新商业厂商提供的漏洞补丁。

5）开源软件系统漏洞：开源软件由于其便利性和经济性，广受开发厂商和开发者欢迎，IT 系统复杂的单位都或多或少使用了开源软件。由于其开源性，攻击者可通过白盒测试审计代码中存在的安全漏洞，如果所使用的开源系统被攻击者发现，则极有可能被攻陷。安全建议如下：

① 尽量隐藏开源系统的指纹痕迹和版本；

② 删除不用的功能模块；

③ 使用开源软件之前进行代码审计。

6）Web 接口漏洞：Web 接口由于具有隐蔽性，在渗透测试时很容易被忽略。不安全的接口开放在互联网上，一旦被攻击者发现则极容易被利用。安全建议如下：

① 参演单位安全人员需要充分掌握暴露在互联网上的 Web 接口，并协调安全测试人员对每个接口进行安全性测试。

② 编写 Web 接口安全规范，要求接口开放必须符合安全规范。

③ Web 接口引用增加鉴权和身份认证。

④ 加密和签名用于确保 API 请求与响应在传输过程中的数据保密性和完整性（未被篡改）。

⑤ 关闭不需要的 API 功能（如文件上传功能）。

⑥ 若 API 必须使用文件上传功能，则需要对上传文件扩展名（或强制重命名）、内容、格式进行合规检测，同时关闭上传文件夹执行权限。

2. 管理后台（路径）及弱密码

很多单位的运维人员为了方便会把应用管理后台发布在互联网上，这就使得网站后台容易被攻击者盯上。一旦后台密码泄露或存在安全漏洞，攻击者可直接获得网站管理权限，部署后门。安全建议如下：

① 禁止后台地址对外网开放；

② 限制访问后台的 IP 地址；

③ 禁止默认密码、弱口令；

④ 增加验证码功能以防止暴力破解；

⑤ 测试用户名登录和密码参数是否存在 SQL 注入。

3. 重要集权系统

组织内的重要集权系统（攻陷即可获得组织内大部分系统权限的系统都可以视为重要集权系统）是攻击者在进入内网后横向拓展的重要目标，如域控、

4A、堡垒机、集中管控、集中身份认证系统、终端管理系统。重要集权系统一定要重点防护，安全建议如下：

① 制定重要集权系统访问白名单，只有受认可的 IP 才可以访问管理页面或系统；

② 定期对重要集权系统进行漏洞扫描，对高危漏洞必须打补丁；

③ 对重要集权系统进行渗透测试，针对漏洞进行整改；

④ 在重要集权系统的主机上安装入侵防护软件和杀毒软件，开启审计日志；

⑤ 清理不用的、过期的权限账号。

4. 安全设备自身安全

安全设备自身的安全性同样重要，一旦安全设备存在安全漏洞，那么它可能就会成为攻击者逃避检测、收集信息、监控防护人员举动、修改安全策略等的"帮凶"，使部分或全部防护和监控手段形同虚设。安全设备自身安全的建议如下：

① 为安全设备管理入口单独划分安全域；

② 为管理入口配置白名单访问；

③ 对安全设备进行安全检测，如渗透测试、安全加固、漏洞扫描；

④ 禁止安全设备管理入口暴露在互联网上；

⑤ 安全设备自身开启日志审计。

8.5.5　App 客户端安全

由于移动互联网的普及，很多单位应用系统都会有 Web 和 App 两种访问方式，所以 App 安全也应该重点考虑。如果 App 存在安全漏洞，攻击者同样可以成功入侵目标单位。App 安全测试目前主要分为 App 客户端安全测试和 App 组件安全测试。

如果 App 客户端可以被反编译、DLL 注入，配置文件存在敏感信息，攻击者可通过 App 的漏洞获取 App 后台服务器敏感信息，从而攻击 App 后台服务器并进一步进行内网渗透。

1. App 客户端安全

攻击者得到目标 App 后，利用反编译工具可以很方便地得到 App 代码，进而对 App 代码进行逆向分析、修改、重打包。若没有采用任何加固保护措施，App 的逻辑将完完整整地暴露给攻击者。App 客户端安全需要注意的检测点如下：

- ❑ App 客户端反编译保护；
- ❑ App 签名认证；
- ❑ App 完整性校验；
- ❑ App 任意调试检测；
- ❑ App 数据任意备份；
- ❑ App 敏感信息泄露。

2. App 组件安全

安卓 App 在前端运行时会调用各种不同组件，如果开发者发生疏忽，组件安全也会造成安全隐患。App 组件安全检查点如下：

- ❑ Activity 组件越权；
- ❑ BroadcastReceiver 组件越权；
- ❑ Service 组件越权；
- ❑ Content Provider SQL 注入；
- ❑ WebView 远程代码执行。

3. App 其他安全

建议聘请专业的 App 安全检测人员对 App 进行安全检测。除了上述两点外，还需要对如下安全点进行检测：

- ❑ App 通信安全检测，如是否采用 HTTPS、关键信息是否加密；
- ❑ 运行环境安全检测，如反越狱检测、ROOT 环境检测等；
- ❑ 安全策略设置检测，如键盘记录保护、界面切换保护检测等；
- ❑ 基于业务安全的常规渗透测试检测。

红队常用的关键安全设备

部署安全设备及系统是防守工作的必要条件之一，以下通过边界防御设备、安全检测设备、流量监控设备、终端防护设备、威胁情报系统这五方面帮助读者了解、熟悉红队常用的关键安全设备。

9.1 边界防御设备

9.1.1 防火墙

防火墙作为网络安全防护的基础设备，发展到现在已成为能够全面应对传统网络攻击和高级威胁的安全防护产品，被广泛运用于网络边界防御领域，具有网络安全域隔离、精细化访问控制、高效威胁防护和高级威胁检测等功能。防火墙可集成威胁情报搜集、大数据分析和安全可视化等创新安全技术，并通过与网络威胁感知中心、安全管理分析中心、终端安全管理系统等的智能协同，在网络边界构建威胁防御平台。

1. 设备应具有的核心功能

1）基础能力：支持多种形式灵活部署，具备负载均衡、NAT（网络地址转换）、IPv6 支持、VPN、VSYS（虚拟防火墙）、HA（双机集群系统）等功能，并可防护扫描、泛洪、异常数据包等传统网络攻击。

2）精细化应用控制：可精确识别网络应用及用户、终端、地理位置、传输内容等信息，并可实现应用、用户、内容多维一体的精细化管控。

3）高性能威胁防护：深度集成一体化威胁防护引擎，可针对流行的病毒、漏洞利用攻击和间谍软件行为等提供高性能防护。

4）智能化协同防御：支持与云端、终端安全系统智能协同，实现病毒云查杀、威胁情报实时处置、应急响应策略推送、高风险终端管控等高级安全功能。

5）失陷检测及处置：可对网络流量产生的行为数据进行威胁情报检测和深度分析，实时预警本地的失陷主机，并对受害 IP、威胁源执行一键处置。

6）可视化关联分析：能够将应用、用户、内容、威胁、地理位置等多维信息以图形化形式关联呈现，并通过递进式的数据钻取实现高效的安全分析。

2. 产品在实战中的应用

防火墙作为最基础的安全防护设备，在实战演练中也发挥着重大的作用，主要通过以下方式进行防护。

1）ACL 配置：在网络内部通过对网络区域进行划分，明确各区域的功能、各区域间实现明确的允许 / 拒绝 ACL，实现严格的访问控制。大量的攻防实战证明，区域间隔离能够在很大程度上限制攻击者横向拓展的范围。

2）黑名单配置：部署在网络外层的防火墙，在实战中可以通过将攻击者 /可疑攻击者的 IP 地址加入黑名单中，从网络层阻止可疑的攻击流量，阻止攻击者继续攻击，从而迫使攻击者变更攻击 IP 地址，延误攻击者的进攻节奏。

3）实时联动：可以根据实际的部署环境，与流量感知及威胁感知类产品进行联动处置，对分析出的恶意 IP 进行封禁。

4）自动化封禁：更进一步地，为了更加高效地应对扫描等攻击行为，可以利用编程等方式实现自动化封禁的措施，提高封禁效率，减缓处置人员的工作压力。

在实战演练中，在网络接入区、对外接入区、内部各安全域间部署防火墙并按照最小授权原则做好控制策略，可有效地给攻击方造成困扰。

9.1.2　入侵防御系统

入侵防御系统（Intrusion Prevention System，IPS）是一部能够监视网络或网络设备的网络资料传输行为的网络安全设备，能够即时中断、调整或隔离一些不正常或是具有伤害性的网络传输行为。IPS 依赖高效的一体化引擎，实现对防护网络的流量分析、异常或攻击行为的告警及阻断、2～7 层安全防护控制，以及用户行为、网络健康状况的可视化展示。IPS 不但能发现攻击，而且能自动化、实时地执行防御策略，有效保障信息系统安全。由此可见，针对攻击特征来说，识别的准确性、及时性、全面性及高效性是衡量一款入侵防御产品可靠性的重要指标。

1. 设备应具有的核心功能

1）攻击检测能力：内置特征条目，可以防范扫描、可疑代码、蠕虫、木马、间谍软件、DoS/DDoS 等各类网络威胁。

2）抗 DoS/DDoS 能力：提供 DoS/DDoS 检测及预防机制，可以辨别合法数据包与 DoS/DDoS 攻击数据包，保证企业在遭受攻击时也能使用网络服务。

3）弹性管理能力：提供虚拟化、弹性化的管理方式。每一对实体接口都可配置不同的规则集，每一个规则集都可依据来源 / 目的端 IP 地址等对象信息来决定对应的处理方式。同时每个规则集皆可定义有效的运行时间，方便网络管理人员依据业务系统的规范要求进行规划和部署。

4）异常流量管理、带宽管理功能：针对通信协议异常、IP/ 端口的扫描异常、网络流量异常等进行动态管理，采取七层深度数据包分析技术，可以完整地做到应用程序级别的流量管理。

5）管理能力：具有强大且丰富的管理能力，能够贴近各种不同网络架构的需求，提供友好的管理接口以及多种实用的信息实时显示。

2. 产品在实战中的应用

实战中，由于攻击未知漏洞成本高，攻击方往往会在啃硬骨头的时候谨慎使用，而攻击成本较低的已知系统漏洞是最重要的一种攻击方式。利用已知系统漏洞攻击方式进行边界突破、内网横向拓展等攻击动作，IPS 可通过防护规则进行有效防护。在实战前，对内部的开发部门进行调研，并根据业务系统的实际需要对防护策略进行定制、适配，设置相对严格的策略。可以自动化、实时地执行防御策略。

实战中在互联网入口、互联网接入区等位置部署 IPS。IPS 基本都是串联部署在网络中的，通用的部署方式是部署在防火墙产品的后面，形成边界安全产品解决方案中的一道安全屏障。

9.1.3 Web 应用防火墙

Web 应用防火墙是以网站或应用系统为核心的安全产品。通过对 HTTP 或 HTTPS 的 Web 行为进行分析并拦截其中的攻击行为，不仅可以有效缓解网站及 Web 应用系统面临的威胁（如 OWASP TOP 10 中定义的常见威胁），还可以快速应对恶意攻击者对 Web 业务带来的冲击，让网站免遭 Web 攻击侵扰，并对网站代码进行合理加固。

1. 设备应具有的核心功能

1）串联透明部署。可串联透明部署在 Web 服务器的前端，在物理层面是 Web 服务器的前端多部署了一台硬件设备，而在网络层面是 Web 服务器的前端没有任何硬件设备。透明部署方式不改变参演单位的网络拓扑结构，Web 服务器看到的都是浏览者的源地址，也不会造成审计类安全产品无法工作等问题。

2）细粒度特征库。提供细粒度的出现特征库，支持 HTTP 协议校验、Web 特征库（基于 OWASP TOP 10 标准）、爬虫规则、防盗链规则、跨站请求规则、文件上传 / 下载、敏感信息、弱密码检测等多种细粒度检测的特征库匹配规则。

3）日志追溯。提供详细的数据分析与统计功能，提供攻击类型、验证级别、攻击源 IP、攻击域名、攻击类型、攻击次数、CDN IP、XFF IP 等详细分析数据，为攻击溯源、追踪攻击者源提供详细的技术依据。

2. 产品在实战中的应用

在实战演练中，网站等应用系统是攻击方突破边界的重要手段。Web 应用防火墙系统部署在网站服务器的前端并且串联部署，对外来访问网站的流量进行过滤。Web 应用防火墙的主要目标是保护 Web 服务器或网站服务器，对所有外来的 HTTP 或 HTTPS 访问流量进行过滤。通过深入业务，与应用系统的开发人员交流，确认开启的策略不会影响业务，并能有效阻断攻击方的攻击。

9.1.4　Web 应用安全云防护系统

Web 应用安全云防护系统是为云端网站提供安全防护的系统，为网站提供 SaaS 化的安全防护服务。它根据企业网站的实际安全需求及现状，将智能 DNS 解析能力、DDoS 防护能力、Web 应用攻击防护能力、CDN 加速能力、安全运营能力以及统一的配置管理能力整合到同一安全防护体系中，为企业网站提供云 WAF、云抗 D、云加速、CC 攻击防护、反爬虫、全站镜像（重保只读）、实时监控告警、可视化安全等综合安全能力。可降低网站数据泄露、网页被篡改风险，提升网站链路可靠性，降低被上级主管单位 / 网络安全执法单位通报或处罚的概率。

1. 设备应具有的核心功能

1）云 WAF：可以防护网站面临的 SQL 注入攻击、跨站脚本攻击、命令注入攻击、Webshell 木马后门上传、服务器敏感信息泄露、扫描攻击等常见的 Web 攻击，使网站免遭恶意篡改、信息泄露、服务器被恶意控制等应用层网站安全威胁。

2）云抗 D：可以防御攻击者对网站发起的 SYN Flood 攻击、ACK Flood 攻击、NTP 反射放大攻击等大流量网络层 DDoS 攻击；提供 DNS 解析服务并提供高防 DNS 能力，以保护网站域名的正常解析。

3）云加速：将源站的 JavaScript、CSS、图片、HTML 等文件进行压缩和缓存，当后续有用户再次对这些文件资源发起请求时，可以就近选择高质量的节点机房，获取缓存在云防护节点的文件，从而大大提高访问效率，提升用户的访问体验，同时也能降低源站链路和服务器的负载。

4）CC攻击防护：可以针对应用层CC攻击进行防护。智能识别不同规模CC攻击，快速拦截，动态阈值防护，可触发HTTP协议验证、JavaScript验证、图片验证、拦截IP的防护策略，并且可以与威胁情报中心联动。

5）反爬虫：可根据爬虫性质有针对性地进行爬虫防护。开启反爬虫功能后，即可基于复杂、精准的算法智能生成合适的防护配置。支持通过自服务平台针对URL进行单独的爬虫防护配置对抗爬虫攻击。

6）全站镜像（重保只读）：结合爬虫技术和数据缓存保护技术，在特殊时期或重要保障期间将全站内容镜像缓存到各个云端CDN节点中，当源站出现不稳定、被恶意篡改等不可预知异常情况时，访问者仍能正常访问网站的内容。

7）实时监控告警：可对网站的访问攻击数据及健康状况进行持续监控分析。云防护系统监测到网站数据异常时，会向管理员发送告警通知，为网站管理员第一时间对网站问题进行响应和处置提供有力保障，并支持管理员自定义设置网站受到攻击、出现异常时的告警阈值和告警方式。

8）可视化安全：通过可视化大屏动态展示网站实时攻击情况及历史攻击数据，实时攻击来源、目的、种类、强度等一目了然，全面展示网站安全威胁态势，洞悉网站及应用运行健康状态。

2. 产品在实战中的应用

SaaS化网站云防护系统，不需要部署软件、硬件，通过CNAME接入和A记录接入的方式更新域名DNS解析，将网站访问流量转发到Web应用安全云防护系统上。防守方需要提前梳理所有对外提供服务的网站系统，尽量将对外提供服务的所有系统接入Web应用安全云防护系统进行防护，通过云防护系统对攻击者的攻击进行防护。

9.1.5　邮件威胁感知系统

在实战中，社工攻击是一种比较常见的攻击方式，而钓鱼邮件攻击是社工攻击中最常用的一种方式，它是一个绝佳的打开内网通道的入口点。邮件可以携带文字、图片、网址、附件等多种信息媒介，结合社工手段可以对安全意识薄弱的人员进行降维打击；而且钓鱼邮件一般具有很强的针对性，对于运维部门管理人员等高权限、高价值目标还可以做到精准打击。

因此，邮件威胁检测系统应采用多种病毒检测引擎，结合威胁情报及 URL 信誉库对邮件中的 URL 和附件进行恶意判定，并使用动态沙箱技术、邮件行为检测模型、机器学习模型发现高级威胁及定向攻击邮件。通过对海量数据建模、多维场景化对海量的邮件进行关联分析，对未知的高级威胁进行及时侦测。

1. 设备应具有的核心功能

1）威胁情报：结合威胁情报数据，提高对邮件威胁的检测能力。

2）沙箱分析：沙箱模块可针对文件进行深度检测，采用静态检测、漏洞利用检测、行为检测多层次手法，构建基于沙箱技术的文件深度检测分析能力。静态检测模块通过多种检测引擎互为补充，增强静态检测能力。动态检测模块以硬件模拟器作为动态沙箱环境，分析过程中的所有数据获取和数据分析工作都在虚拟硬件层实现，全面分析恶意代码、恶意行为，细粒度检测漏洞利用和恶意行为。

3）邮件异常场景检测：异常场景包括发件异常、收件异常、暴力破解、单个 IP 登录多个邮箱、异地登录等，邮件威胁检测系统可根据需求自定义异常场景的检测条件，且支持全面分析仿冒邮件场景。

4）邮件多维分析：基于联系人之间收发关系的多维分析以及基于恶意文件 / URL 的传输路径的多维分析。通过关键信息进行检索，实现数据之间的多维关系网。所有复杂的关系通过多维分析进行展现，数据一目了然。

5）海量数据存储和检索：快速检索匹配邮件主题或者正文中的关键字，结合统计学的相关理论，实现快速、精准的内容过滤和关键字分析，并配套大量的检索和分析软件以对数据做到高效分析。

2. 产品在实战中的应用

在实战中，由于具有操作性好，易实施，一旦成功收益较大等特点，钓鱼邮件攻击成为社工攻击中最重要的一种攻击方式。钓鱼邮件攻击的方式多种多样，但主流的攻击方式大致可分为以下两种，邮件威胁感知系统在防护时可以根据这两种攻击方式进行针对性的配置和检测。

1）邮件正文插入恶意链接：这是一种最基础的攻击方式，就是在邮件正文中放入一个恶意诱导链接，等待用户点击，链接后面是一个伪造的网站，可能是一个恶意程序下载网站，或者一个用于伪造的登录入口等。攻击者常常利用一些近期的热点事件或者公司内部信息（如产品介绍、系统账号升级等）来提高内容可信度，诱导用户点击链接。他们也会对恶意链接进行伪装，常见伪装方式有短链接、使用 HTML 标签伪造隐藏、近似 URL、子域名、利用 URL 特性等，防守者需要对此重点防范。

2）邮件附件藏毒：这也是一种常见的攻击方式，攻击者的攻击载荷（payload）含在邮件附件里，载体有文档、图片、压缩包、脚本程序（exe、vbs、bat）等。发送脚本程序是最直接的，但是容易被邮箱安全机制拦截或被相关人员识破。因此，攻击者通常会使用一些伪装手段，如使用超长文件名隐藏后缀等，防守者在打开时要重点关注。

实战中可以通过串接部署的邮件代理转发模式、旁路部署的邮件暗抄模式或者 SPAN 流量镜像解析模式对邮件流量进行识别和控制，以防范钓鱼邮件的攻击。

9.2 安全检测设备

9.2.1 互联网资产发现系统

互联网资产是实战演练中攻击方首先可以接触到的资产，同时也是防守方的重点防守对象。然而，大量组织未全面掌握暴露在互联网上的 IT 资产，包括应用系统、域名、端口、应用服务、IP 等。这就造成了组织的防御边界出现了盲区，成为整个网络安全体系的重大短板。甚至，在一些真实案例中，我们看到：一方面，组织在竭尽全力检测、分析、抑制攻击；而另一方面，新的攻击却从一些"陌生资产"源源不断地爆发出来。这些"陌生资产"就像黑洞一样，平时不可见，关键时刻却吸引了大量攻击流量，造成整个防御体系的失效。

1. 设备应具有的核心功能

1）资产及应用发现：通过数据挖掘和调研的方式确定企业资产范围，之后基于 IP 或域名，采用 Web 扫描技术、操作系统探测技术、端口探测技术、服务探测技术、Web 爬虫技术等各类探测技术，对参演单位信息系统内的主机 / 服务器、安全设备、网络设备、工控设备、Web 应用、中间件、数据库、邮件系统和 DNS 系统等进行主动发现，并生成资产及应用列表，列表中不仅包括设备类型、域名、IP、端口，更可深入识别运行在资产上的中间件、应用、技术架构的详细情况（类型、版本、服务名称等）。

2）信息安全资产画像绘制：在资产及应用发现的基础上，对每个业务梳理分析，依据信息系统实际情况、业务特点、资产重要度等信息，结合信息安全的最佳实践进行归纳，最终形成参演单位专属的资产画像，构建起参演单位专属的信息安全资产画像。资产画像构建完成后可根据域名、IP、端口、中间件、应用、技术架构、变更状态、业务类型（自定义）等条件对资产进行查询和统计。

2. 产品在实战中的应用

互联网资产发现是攻防实战前期梳理资产中比较重要的一项工作，通过资产发现平台，对暴露在互联网上的资产信息进行摸排和测绘。做到摸清家底，为下一步针对资产进行安全检测提供依据。

可以通过产品或服务的方式进行，通过定期的资产发现降低被攻击者利用的风险。

9.2.2　自动化渗透测试系统

自动化渗透测试工具可为渗透测试全过程提供专业的技术支持，在渗透前期、中期、后期提高渗透测试效果，赋能渗透测试人员。

1. 设备应具有的核心功能

1）漏洞探测功能。对渗透目标进行自动化漏洞探测，有两种漏洞探测方式：网站 URL 探测方式和 IP 地址探测方式。网站 URL 探测方式是通过对目标进行指纹识别，收集中间件、通用网站框架、开发语言、操作系统等指纹信息，从插件库中寻找与之相关的漏洞插件，发现存在的漏洞。IP 地址探测方式是对目标进行端口扫描，发现对外开放的服务，识别对应的服务类型，寻找与之相关的漏洞插件，从而判断漏洞是否存在。漏洞插件库包含的漏洞插件超过 7000 个，漏洞范围覆盖 Web、中间件、数据库、网络设备、操作系统、智能设备、移动终端、工控设备等。漏洞探测功能能够发现的漏洞类型不限于 SQL 注入、XXE、XSS、任意文件上传、任意文件下载、任意文件操作、信息泄露、弱口令、本地文件包含、目录遍历、命令执行、错误配置。

而自动化渗透测试系统提供一键漏洞利用功能，能够执行命令、执行 SQL、上传文件、反弹 Shell、上传 Webshell、下载文件等。自动化渗透测试系统提供的 Web 指纹库可识别超过 600 种 CMS（内容管理系统）。系统服务指纹能够满足常规系统服务的类型和版本识别。支持场景化检测，可以根据需求快速定制至少包含常规测试、攻防演练、靶场演练、安全能力评估在内的场景，从而满足定制化场景漏洞发现的需求。单次任务不限制添加目标的数量，任务能够分布式并发执行，从而保证高效率地发现漏洞。

2）漏洞利用功能。漏洞利用功能可以解决两个问题：一是可直接探测指定的漏洞是否存在，如存在，则进一步自动利用此漏洞；二是针对一些无法完全自动化发现的漏洞提供单独漏洞利用功能，例如，在无法通过爬虫或者其他手段自动获取目标地址时，渗透人员只需要手动填写相应的参数即可一键利用漏洞。漏洞利用功能可以把复杂的漏洞利用过程简单化，大大提高渗透测试的效率，如通过输入 Oracle 账号密码，实现一键提权、执行系统命令等效果。自动化渗透测试系统也提供漏洞利用的高级功能，包括执行命令、执行 SQL、上传文件、反弹 Shell、上传 Webshell、下载文件等。

3）反弹交互式 Shell 功能。渗透人员可以通过内置的方法反弹交互式 Shell，该 Shell 与正常的 Shell 完全相同，可以执行 vim、交互执行操作等。自动化渗透测试系统支持所有的 Unix 操作系统进行远程控制，可采用 Python、Java、Bash 反弹 Shell，并提供示例代码方便渗透人员快速利用该功能。此功能采用端口复用技术，使所有使用该功能的人员可以通过同一个端口反弹 Shell，并可以绕过防火墙设备对数据连接端口的限制措施。此功能采用加密技术，保证传输的数据以密文方式传输，从而保证远程控制无任何特征。

4）Webshell 远程管理功能。自动化渗透测试系统的该功能采用加密算法对传输的数据进行加密，保证数据传输过程中没有任何特征，从而躲避各种流量分析设备的检测。该 Webshell 支持 ASP、ASPX、PHP、JSP 语言编写的代码。对被控端代码进行变形处理可以绕过静态 Webshell 查杀工具的检测。该功能支持文件管理、命令执行、数据库管理、反弹 Shell、文件上传、远程文件下载等。渗透人员利用该功能可以直接管理服务器上线的文件，执行各种操作命令。自动化渗透测试系统脚本语言提供内存马功能，保证被控服务器上没有任何文件"落地"，恶意代码只运行在内存中，实现通过内存运行代码进行远程控制的技术。

5）后渗透功能。通过后渗透功能对目标进行横向渗透。例如：发现内网的网络拓扑情况，发现内网数据库漏洞，发现邮件服务器所在的位置，甚至获取办公网段、运维主机或者域控制器的权限。

2. 产品在实战中的应用

在攻防实战前期：定期对对外提供服务的系统进行渗透测试，挖掘可能存在的漏洞并及时修复；定期或有系统变更时对内部系统进行渗透测试，利用工具提高漏洞挖掘的效率。在渗透测试前期，通过工具可以进行批量信息收集，包括子域名发现、目录扫描、指纹识别等。在渗透测试中期，可以针对目标的漏洞进行发现和利用。在渗透测试后期，提供进入内网之后的横向渗透等功能，提升渗透测试效果。

建议部署于内网安全管理区等区域中，在网络上保证测试目标可达即可。

9.2.3　开源组件检测系统

开源软件为企业带来了极大便利，提高了开发效率，降低了成本。然而，由于开源软件之间的依赖关系错综复杂，漏洞的隐蔽传染和放大效果显著，给漏洞发现、漏洞消控带来了很大的挑战。当某个开源软件出现漏洞时，企业可能会受到牵连。

近几年，随着开源社区的快速发展，开源软件被广泛应用，开源软件的漏洞数量也在飞速增长。WhiteSource 2020 年发布的报告显示，开源软件漏洞呈现逐年增加的趋势，从 2014 年的不到 2000 个增加到 2019 年的 6000 多个，增加了两倍多。

1. 设备应具有的核心功能

开源检测：对应用系统所涉及的开源组件进行精确识别，帮助企业建立开源组件资产台账，输出每个软件系统的开源组件资产清单，并给出对应的开源组件漏洞信息、开源协议信息、开源组件整改建议等内容。同时，服务团队根据漏洞评估模型对输出的安全漏洞进行分析，给出科学合理的漏洞整改优先级及整改建议，并对难以修复的开源组件给出缓解加固建议，也可对无法修复的紧急漏洞提供验证。

2. 产品在实战中的应用

通过开展开源组件检测服务，识别应用系统所引入开源组件的安全漏洞，对安全漏洞进行修复、加固，通过漏洞验证直观地展现存在的安全风险，从而有效推动开发部门的整改积极性。降低应用系统开源组件的安全风险，保障应用系统安全、稳定运行。

可通过部署开源组件产品或者购买相关服务的方式，及时跟踪开源软件的漏洞信息，结合业务情况进行整改降低安全风险。

9.2.4 运维安全管理与审计系统（堡垒机）

运维安全管理与审计系统（堡垒机）基于认证、授权、访问、审计的管理流程设计理念，对 IT 中心的网络设备、数据库、安全设备、主机系统、中间件等资源进行统一运维管理和审计。采用旁路部署模式切断终端对网络和服务器资源的直接访问，使用协议代理的方式，实现运维集中化管控、过程实时监管、访问合规控制、过程图形化审计，为企业构建一套事前预防、事中监控、事后审计的安全管理体系。

1. 设备应具有的核心功能

1）身份认证：支持短信验证码、OTP 动态口令、动态令牌、USBKey 等多因素认证，支持 AD、LDAP、Radius 等第三方认证。

2）账号管理：支持服务器、数据库、网络设备等密码自动代填，支持特权账号改密以及密码拆分管理，支持账号核查、账号同步。

3）访问控制：支持账号有效期、文件传输、剪切板、显示水印、登录时间、IP 限制等维度的访问控制策略，支持敏感指令的强制阻断、告警及二次复核的命令控制策略。

4）操作审计：支持实时监控、全程录像及字符审计；支持全文指令搜索、定位；提供 OCR 工具，对图形审计进行字符转化；支持生成多维度的系统及运维报表。

5）自动化运维：可自定义脚本及任务编排，定期、批量、自动执行预置的脚本或运维任务。

2. 产品在实战中的应用

1）堡垒机作为集中认证授权的管理系统，一旦被攻击者攻陷、获取了权限，其所管理的服务器就可能会被全盘接管，危害很大。因此，在实战前需要开展集权系统检查，对堡垒机自身系统的漏洞情况进行排查，通过升级和加固的方式保证其安全。

2）对堡垒机管理的设备的权限和账户等进行清理和排查，防止不合理的账户被攻击者获取和利用。

堡垒机一般部署于安全管理区，可以根据网络中划分的不同安全区域分配不同的堡垒机，提供运维管理和审计。

9.3　流量监测设备

9.3.1　流量威胁感知系统

流量威胁感知系统基于网络流量和终端 EDR 日志，运用威胁情报、规则引擎、文件虚拟执行、机器学习等技术，精准发现网络中针对主机与服务器的已知高级网络攻击和未知新型网络攻击的入侵行为，利用本地大数据平台对流量日志和终端日志进行存储与查询，结合威胁情报与攻击链分析对事件进行分析、研判和回溯，同时，结合边界NDR、终端EDR及自动化编排处置可以及时阻断威胁。

1. 设备应具有的核心功能

1）高级威胁检测：运用威胁情报、文件虚拟执行、智能规则引擎、机器学习等技术，可以检测和发现高级网络攻击与新型网络攻击，涵盖APT攻击、勒索软件、Web攻击、远控木马、僵尸网络、窃密木马、间谍软件、网络蠕虫、邮件钓鱼等高级攻击，并基于可视化技术清晰地展示网络中的威胁。

2）异常行为检测：基于网络流量数据，运用大数据分析和机器学习技术建立网络异常行为检测模型，内置非常规服务分析、登录行为分析、邮件行为分析、数据行为分析等数种场景，实现对新型攻击和内部违规的检测与发现。

3）告警响应处置：提供攻击告警的列表、统计、查询、调查等功能，且提供基于ATT&CK标签分析告警的能力，并支持终端EDR联动、防火墙NDR联动与自动化编排处置，帮助安全运营人员快速研判和处置告警事件。

4）攻击回溯分析：支持全包取证分析，并提供线索可视化图谱拓线分析能力（威胁狩猎），能够呈现一次攻击的完成过程，有助于对网络攻击进行回溯和深度分析。

2. 产品在实战中的应用

1）流量全面。流量威胁感知系统的告警是否全面取决于所搜集的流量是否全面，除了南北向的流量，也要搜集东西向的横向流量，威胁感知的范围要尽量覆盖全网络。

2）规则优化。在日常运营及实战前，需要对威胁感知系统的告警规则等进行优化，将网络扫描、业务正常访问等触发的告警进行调整和优化，减少误报的告警，专注于真实的告警。

3）加密流量处理。由于业务需要，不少系统采用加密的方式保护数据的安全，这给流量威胁感知系统带来了不小的挑战。建议在负载均衡等设备上对加密流量进行解密，再将解密后的流量上传到流量威胁感知系统的传感器，以便于及时发现加密流量中的威胁。

4）威胁情报库和规则库及时升级。通过及时更新威胁情报库和规则库，就能更快地识别出流量中隐藏的风险，进而及时进行分析处置。

流量威胁感知系统采用旁路部署的模式，将设备部署于安全管理区，利用镜像的方式将流量镜像给探针（见图 9-1）。务必将需要监测区域的流量汇聚到探针，对用户网络中的流量进行全量检测和记录。所有网络行为都将以标准化的格式保存于系统中，结合云端威胁情报与本地分析平台进行对接，提供发现本地威胁的通道，并对已发现的问题进行攻击回溯。

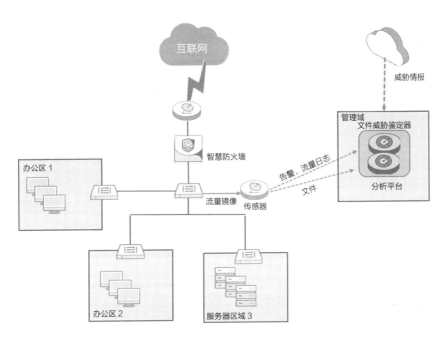

图 9-1　实战中的部署方式或位置

9.3.2　态势感知与安全运营平台

态势感知与安全运营平台以大数据平台为基础，通过收集多元、异构的海量日志，利用关联分析、机器学习、威胁情报等技术，帮助企业持续监测网络安全态势，实现从被动防御向积极防御的进阶，为安全管理者提供风险评估和应急响应的决策支撑，为安全运营人员提供威胁发现、调查分析及响应处置的安全运营工具。

1. 设备应具有的核心功能

1）海量数据采集与存储：支持国内外常见设备的自动解析、过滤、富化、内容转译、归一化，支持通过 Syslog、DB、SNMP、Netflow、API、镜像流量、文件等进行采集。

2）威胁情报：与高质量的威胁情报进行关联，并将其应用于关联分析、日志匹配等场景。

3）机器学习：通过机器学习算法来提升对未知恶意软件的检测能力。

4）威胁建模：提供多元异构数据关联分析、灵活威胁建模、丰富的告警上下文信息展示及分布式横向扩展能力。

5）全流量检测：通过全流量检测技术，可还原数十种网络协议，对失陷主机、网络入侵、网络病毒、异常流量、DDoS 攻击等进行精准检测。

6）态势感知：提供全网脆弱性态势、资产态势、威胁预警态势、攻击者态势、综合安全态势、安全运营态势、外部威胁态势、内网威胁态势、资产风险态势、业务资产外连态势、攻防演练态势等的感知界面，分别从不同的安全运营角度对网络安全态势进行呈现。

7）威胁预警：当出现重大网络安全事件时，通过下发威胁预警包，第一时间掌握是否遭受攻击，失陷的设备有哪些，业务是否受到影响，网络攻击走向如何，如何进行应急处置。

8）资产风险管理：结合资产价值、脆弱性信息、威胁信息对全网资产进行风险评估，量化风险指标，帮助企业更好地了解和应对安全风险。

9）异常行为分析：内置企业经常遇到的安全场景分析模型，如内网安全、安全账号安全、异地登录安全等常见场景，辅助安全运营 / 分析人员进行综合判断，提高处置效率。

10）攻击回溯：可实现在海量数据中对重点攻击、重点事件进行回溯。

11）调查取证：通过内置的调查分析工具，将安全人员能力与数据充分整合，从而更高效、更全面地完成事件分析和判定，并将事件过程和证据集中固化。

12）攻击链分析：根据典型的攻击模型，对不同告警自动判断其所对应的攻击阶段，使纷繁零散的告警以攻击链的形式实现串联和还原，帮助参演单位理解完整的事件发生过程以及每个威胁所处的攻击阶段，解决攻击分析难和攻击过程不可视的问题。

13）攻防演练：可提供多个阶段的攻防演练模拟，如演练前进行自查整改、模拟演示，在演练过程中进行防御处置，在演练后进行总结汇报等。

14）响应处置：将安全事件、动作和处置指令通过配置策略的方式有机结合起来，将不同级别、程度和危害等级的告警与短信网关、邮件网关等通知手段灵活配置起来，实现人人、机人的通知交互。

2. 产品在实战中的应用

1）流量全面。态势感知与安全运营平台的告警是否全面取决于所搜集的流量是否全面，除了南北向的流量，也要搜集东西向的横向流量，态势感知与安全运营平台的范围尽量覆盖全网络。

2）规则优化。在日常运营及实战前，需要对态势感知与安全运营平台的告警规则等进行优化，将网络扫描、业务正常访问等触发的告警进行调整和优化，减少误报的告警，专注于真实的告警。

3）加密流量处理。由于业务需要，不少系统采用加密的方式保护数据的安全，这给态势感知系统也带来不小的挑战，为防止因数据加密导致监测不全面的问题，建议在负载均衡等设备上对加密流量进行解密，再将解密后的流量到态势感知系统的传感器，及时发现加密流量中的威胁。

4）威胁情报库和规则库及时升级。应及时更新威胁情报库和规则库，以便更快地识别出流量中隐藏的风险，进而及时进行分析处置。

态势感知与安全运营平台采用旁路部署的模式，利用镜像的方式将流量镜像给探针，务必将需要监测区域的流量汇聚到探针。

9.3.3 蜜罐系统

蜜罐技术本质上是一种对攻击方进行欺骗的技术。通过布置一些作为诱饵的主机、网络服务或者信息，诱使攻击方对它们实施攻击，防守方可以对攻击行为进行捕获和分析，了解攻击方所使用的工具与方法，推测其攻击意图和动机，清晰地了解自己所面对的安全威胁，从而通过技术和管理手段来增强实际系统的安全防护能力。

蜜罐系统好比是情报搜集系统。蜜罐好像是故意让人攻击的目标，引诱黑客前来攻击。攻击者入侵后，你就可以知道他是如何得逞的，随时了解针对服务器发动的最新攻击和服务器的漏洞。还可以通过窃听攻击者之间的联系，搜集攻击者所用的种种工具，掌握他们的社交网络。

1. 设备应具备的核心功能

1）主动诱捕：通过实时流量牵引，将指向诱饵的流量牵引到集中式诱饵资源。

2）多设备仿真：结合云端大数据收集的数百种协议的设备指纹（banner）库，可模仿几千种网络设备或服务。针对攻击者的一些自动化的工具探测（如 Nmap 的端口扫描），可以进行较好的欺骗。

3）资产高仿：一是采用多种手段尽可能与真实资产接近，二是基于流量数据、资产数据尽可能使仿真的资产与真实资产接近。

4）溯源取证：基于攻击特点将流量分发到对应的蜜罐，并采用主动跟踪机制对攻击链溯源。通过情报跟踪和攻击者信息汇总跟踪机制，形成完整的攻击画像图谱。

5）主动反制：对于步入欺骗诱捕平台的攻击者，对其进行一定程度的反制，包括但不限于通过 JSONP 来反制、文件下载欺骗反制、MySQL 反制、RDP 反制等。攻击反制获取的信息，包括但不限于攻击者的浏览器隐私数据、主机账号、主机 IP 及端口开放情况、个人应用账号及身份 ID 等。

2. 产品在实战中的应用

1）高仿资产的自动生成。仿真环境或者诱饵的仿真性直接影响蜜罐系统的成效。在蜜罐部署期需要对业务系统进行调研，根据业务系统重要性、仿真的工作量、必要性等维度挑选出需要仿真的系统，然后投入人力对需要仿真的系统进行定制。可以对业务系统进行自动爬取，并且系统还可以利用流量数据自动化构建服务。

2）协同防御。攻击诱捕系统是企业纵深防御、协同防御中极其重要的环节，传统蜜罐非常依赖于罐内行为的审计能力，容易游离在企业的防御体系之外，如果长时间没有明显的诱捕效果，极有可能在企业的安全体系中被边缘化。攻击诱捕系统可以与未知威胁感知系统的流量传感器和分析平台进行联动，实现整体的协同，提升蜜罐诱捕的效果。

蜜罐系统基于 SDN 技术的网络编排和流量分析系统实时威胁检测能力，将链路中指定威胁流量牵引至目标蜜罐及蜜网。流量牵引工作在网络层，不破坏攻击 IP 与受害 IP 间的联网结构（见图 9-2）。

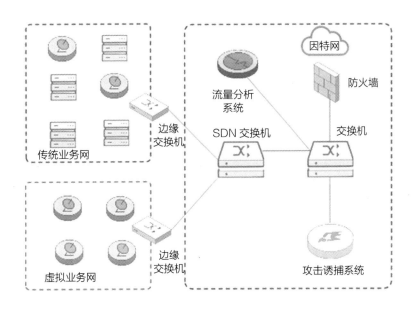

图 9-2　蜜罐系统在实战中的部署位置

攻击 IP 在扫描或渗透真实受害 IP 过程中，系统检测到威胁行为后，会触发 SDN 联动，实时牵引后续威胁流量至指定蜜罐及蜜网。网络牵引过程攻击者难以察觉，有效地解决了直接暴露蜜罐给攻击者而导致的欺骗能力不足的问题。

9.4 终端防护设备

9.4.1 终端安全响应系统

终端安全响应系统（Endpoint Detection and Response，EDR）是传统终端安全产品在高级威胁检测和响应方面的扩展与补充，它通过威胁情报、攻防对抗、机器学习等方式，从主机、网络、用户、文件等维度来评估企业网络中存在的未知风险，并以行为引擎为核心，利用威胁情报，缩短威胁从发现到处置的时间，有效降低业务损失，增强可见性，提高整体安全能力。

1. 设备应具备的核心功能

1）提供对终端行为的全面监控与数据采集，包括终端进程、IP访问、DNS访问、IM传输、邮件传输、U盘传输、浏览器下载、文件操作、注册表变更、账户变更等。

2）针对不同阶段的攻击路径，提供深度自动化异常检测能力，包括对PowerShell、wmic等常被利用系统的进程检测以及常用的渗透工具检测。

3）高可视化溯源分析展示，对可疑进程行为的攻击链路进行完整溯源，包括所有的危害动作及影响面。

4）支持威胁情报IOC导入，提供IOC检测告警能力，对利用漏洞攻击行为提供关联CVE信息，并关联受影响终端情况。

5）支持根据自身业务场景需求自行创建自定义异常行为检测条件来触发告警。

6）支持威胁追踪和迹象数据搜索，例如对IM文件传输、邮件日志、DNS访问审计、证书、操作系统信息、终端进程信息、IP访问审计、U盘记录、驱动信息、安装的软件列表等迹象数据的搜索。

7）管理平台界面可对十万级以上客户端进行统一集中管理，包括但不限于对所有终端的配置策略、威胁事件管理、执行处置操作等。

2. 产品在实战中的应用

通过对用户终端中的安全数据进行采集和检测，所有终端安全数据经过压缩、加密后保存于大数据平台，结合云端威胁情报与本地分析平台中的终端行为数据进行对接，从而发现已经感染高级威胁的终端，对终端快速定位并进行全面的安全评估，发现终端威胁的根本原因，触发告警从而自动进行响应，斩断威胁的链条。

在终端部署终端安全响应系统的 Agent 客户端，对数据进行采集和响应。在服务器端部署终端安全响应系统控制中心（默认控制中心和采集平台是一体的）；对采集数据进行加密，同时对终端 Agent 进行采集策略的制定、告警通知、威胁追踪等。在内网部署大数据分析平台，实时存储终端的安全数据，对数据与外网威胁情报进行主动检测，以发现沦陷终端。

9.4.2　服务器安全管理系统

服务器安全管理系统是一种服务器安全产品，通过兼容多种虚拟化架构和操作系统，帮助企业高效实现混合数据中心架构下的服务器安全。系统通过服务器端轻量级 Agent 代理、安全加固服务器系统及应用 WAF 探针、RASP 探针、内核加固探针，实时、有效地检测与抵御已知和未知的恶意代码与黑客攻击；通过融合资产管理、微隔离、攻击溯源、自动化运维、基线检查等功能，高效、安全地运维服务器。

1. 设备应具备的核心功能

1）资产清点：细粒度清点主机、网站、账户、端口、应用等服务器信息资产，并关联对应的安全风险和漏洞，进行事前防御，缩小攻击面。

2）基线检查：内置 CIS 安全检查、等级保护、系统配置核查等多维度安全基线，并支持自定义设置，进行高效安全自检，及时发现业务风险和合规风险。

3）安全加固：通过内核探针对服务器进行安全加固，实现禁止非法提权、禁止恶意代码执行、禁止加载没有数字签名的驱动、文件防篡改等驱动级安全防护。

4）网络攻击防御：通过 Web 中间件流量过滤探针，高效检测恶意网络流量，有效抵御 CC 攻击、SQL 注入、XSS 跨站等常规网络攻击；基于脚本虚拟机（沙箱）的无签名 Webshell 检测技术，有效检测各种加密 Webshell、变形

Webshell 等未知安全威胁。

5）运行时应用自我防护：通过 RASP 技术对应用系统的流量、上下文、行为进行持续监控，有效检测并防御任意文件读写、命令执行、文件上传、反序列化、Struts2 漏洞、变形 Webshell 等已知和未知安全威胁。

6）流可视化与微隔离：流可视化技术能可视化展现业务系统数据流向，帮助安全运维人员实时、准确把握内网服务器的访问关系（端口、应用、访问频率）。微隔离技术基于服务器分布式防火墙技术，可以自定义基于角色、标签的服务器访问控制策略，防止攻击者入侵内部业务网络后的东西向移动。

7）攻击溯源：基于内核探针和应用探针准确定位攻击者入侵轨迹，将安全日志聚合，及时发现服务异常登录、应用漏洞、未知 Webshell 等多种类型的安全事件，并提供详细的图形化 IOC，包含攻击者 IP、攻击目标、操作手段、落地文件等信息，帮助参演单位快速定位黑客入侵点。

2. 产品在实战中的应用

1）服务器异常行为分析：采用服务行为识别和分析技术，通过关联主要服务名称（路径）和端口号对服务器的网络外连、命令执行、文件创建等行为进行监控与学习，并形成行为基线白名单策略。当服务器存在漏洞并被攻击者利用，产生非白名单范围内的网络外连、命令执行、文件创建等行为（偏离行为基线）时，系统可进行阻断或告警。

2）应用动态防护（Runtime application self-protection，RASP）：对 Web 应用的文件读写、命令执行、数据库操作、网络连接等行为进行监控，当发生异常行为时，通过对 Web 请求的上下文进行分析，实现对威胁行为的检测及处置。

服务器安全管理系统为软件形态，采用 Agent、管理控制中心结合的方式，为用户解决私有云、公有云和单机主机环境中可能遇到的服务器管理问题、安全问题、合规问题。

9.4.3 虚拟化安全管理系统

虚拟化安全管理系统是面向云计算或虚拟化环境的一站式安全产品。产品支持 vSphere、XEN、KVM、Hyper-V 等虚拟化环境，OpenStack 等云计算平台，提供 Hypervisor 防护、云主机系统加固、恶意软件防护、应用程序管控等功能，并支持异构虚拟化平台统一管理，为参演单位的云数据中心保驾护航。

1. 设备应具备的心功能

1）恶意软件防护：虚拟化安全管理系统防恶意软件模块可提供恶意软件防护，通过实时扫描、预设扫描及手动扫描，对恶意软件（包括勒索软件、病毒、蠕虫、木马后门等）采取清除、删除、拒绝访问或隔离等处理措施。检测到恶意软件时，可以生成警报日志。

2）虚拟防火墙：虚拟化安全管理系统防火墙模块具有企业级、双向性和状态型特点，可用于启用正确的服务器运行所必需的端口和协议上的通信，并阻止其他所有端口和协议，降低对服务器进行未授权访问的风险。

3）入侵防御：虚拟化安全管理系统入侵防御模块能够对暴力破解、缓冲溢出、漏洞利用等网络攻击行为进行检测和拦截。同时，依托全球众测网络和威胁预警平台，紧急情况下可对新发现的漏洞攻击方式提供小时级响应，无须重新启动系统即可在数分钟内将这些规则应用到数以千计的服务器上，实现虚拟补丁的功能。

4）安全基线：虚拟化安全管理系统对宿主机及虚拟机通过设定预置检查基线的方式，对目标系统展开安全检查，找出不符合的项目，选择和实施安全措施来控制安全风险，并通过对历史数据的分析获得业务系统安全状态和变化趋势，保障云环境的安全。

5）Webshell 检测：虚拟化安全管理系统集成了自研的 Webshell 扫描引擎，可对各种 Webshell 后门文件进行扫描与隔离，有效对主机进行安全加固，抵御来自外来 Web 漏洞利用的攻击。

2. 产品在实战中的应用

可部署在物理服务器、虚拟化、容器、私有云、公有云，为云工作负载和物理服务器提供统一的安全防护。管理中心接收安全组件上传的安全事件和网络流量日志，通过多维度、细粒度的大数据分析，以可视化的形式展现，从而帮助用户对已知威胁进行溯源，并对未知威胁进行预警。

9.4.4 终端安全准入系统

终端安全准入系统（Networks Access Control，NAC）主要用于解决设备接入的安全防护、入网安全的合规性检查、用户和设备的实名制认证、核心业务和网络边界的接入安全、接入的追溯和审计等管理问题，避免网络资源受到非法终端接入所引起的安全威胁。该系统提供从接入感知、资产发现、访客管理、身份认证、安全检查、隔离修复、访问控制到入网追溯的一站式准入控制流程，有效管理用户和终端的接入行为，保障终端入网的安全可信，使内部网络接入变得安全、透明、可控，同时满足信息安全等级保护法规要求。

1. 设备应具有的核心功能

1）核心资源访问准入控制：支持多种入网控制策略，防止非法终端访问核心业务资源。

2）网络边界接入层准入控制：支持标准802.1x认证，根据身份授权确定终端的网络访问权限，具备从认证授权、入网检查、隔离修复、访问控制到入网追溯的一站式网络边界准入控制管理能力。

3）入网安全检查：支持多种入网合规检查策略，包括杀毒软件是否安装、应用软件是否安装、风险端口检查、非法外连检查、进程及注册表检查、防火墙是否启用、账号安全检查、U盘是否开启自动运行、远程桌面是否开启、文件共享是否开启等，全面隔离"危险"终端，并支持安全检查，对不合规的终端进行隔离后，自动修复及引导修复的管理流程。

4）资产发现：支持网络资产的发现和统计。通过资产扫描，对网络中设备的类型和数量进行分类统计，能够识别网内接入设备的类型、品牌、操作系统、网络信息（IP、MAC）、位置信息、开放端口、运行服务等，以便信息管理人员更加全面地认识资产情况及风险。

5）访客管理：提供访客入网管理流程。访客申请注册账号、通过管理员授权后，才可访问网络资源。可针对不同访客角色进行资源访问权限控制、访问有效时间设置等操作。

6）安全域与访问控制管理：基于动态检测技术和安全策略管理，可针对认证用户和终端进行网络访问控制和安全域划分，满足不同强度的访问控制要求。

7）认证绑定管理：支持多种条件绑定认证，可将用户和终端、交换机、VLAN、ACL、端口、认证关联执行程序等进行绑定认证，并可设置入网有限期和用户在线数量控制等，提高入网安全强度。

8）认证联动管理：认证支持本地用户管理库系统，并可扩展多种第三方认证源联动认证，例如 AD 认证、LDAP 认证、E-mail 认证、HTTP 认证、集成认证等，适应多种网络环境，满足实名制、统一认证管理要求。

9）日志报表：支持详尽的接入认证和安全检查日志报表，可提供接入认证日志和报表、安检日志和报表、安全检查统计分析等多维度信息数据的查询审计。管理员可通过日志数据追溯及分析全网终端的接入安全状况。

2. 产品在实战中的应用

准入系统可以有效防止近源攻击时攻击人员通过网络直接接入网络的情况。准入系统在各类型终端设备接入前先要经过设备身份识别，只有符合相关安全标准的设备才被允许正常进行上行数据传输和信令交互。准入系统将为每一个接入混合网的终端设备自动学习模型，建立设备指纹身份，并将身份和配置与行为进行绑定管理。通过行为感知、指纹识别等技术，当有非法终端仿冒摄像头接入网络时，准入系统能够迅速发现并通过制定安全策略等手段进行处置，防止 IP、MAC 伪造；通过指纹特征信息，防止设备层面的伪造，杜绝非法接入和仿冒行为。

终端安全准入系统支持集中管理和多级管理来满足不同组织的管理需求，设备支持集中式和分布式部署来适应多样的接入网络环境。设备区域部署将实现区域接入网络的资产可见、活动可知、设备可控。

9.4.5 终端安全管理系统

终端安全管理系统是一体化终端安全解决方案，集防病毒、终端安全管控、终端准入、终端审计、外设管控、EDR 等功能于一体，兼容不同操作系统和计算平台，帮助企业实现平台一体化、功能一体化、数据一体化的终端安全立体防护。

1. 设备应具有的核心功能

1）病毒查杀：集成多种病毒检测引擎，可支持对蠕虫病毒、恶意软件、勒索软件、引导区病毒、木马等恶意文件的有效查杀。针对漏洞攻击，提供针对指令控制流的检测技术，可从系统底层发现漏洞攻击代码的执行，且对于0day漏洞也有着显著的防护效果。

2）资产管理：可按需收集终端的软硬件信息，包括硬件信息、操作系统信息、终端登记信息；支持统一展示，支持企业按需筛选并产生报表，方便企业进行资产的收集与统计。

3）补丁管理：解决企业多网络环境下的补丁下载与安全更新问题，提供云端下载和离线下载工具。可针对漏洞进行多维关联，提供按需修复策略，有效提升企业信息系统的整体漏洞防护等级。

4）安全运维管控：支持对终端应用程序、网络防护、违规外连、外设使用、桌面加固等多个维度进行安全管控，避免发生安全事件，并对终端尝试的违规动作给出告警信息。

5）移动存储管控：给予不同的移动存储介质相应的授权适用范围和读写权限，同时支持设备状态的追踪与管理，实现对移动存储设备的灵活管控，保证终端与移动存储介质进行数据交换和共享过程中的信息安全。

6）安全网络准入控制：支持旁路镜像应用准入、802.1x认证、Portal认证、AD认证、复合认证等多种网络认证技术，适应各种复杂网络环境下的接入部署，支持大型多分支机构的网络部署。

7）安全审计：通过分组、时间、文档类型等多视角、多维度、多层次，对终端文件的操作行为、输出行为、打印行为、光盘刻录行为、邮件收发行为进行完善的审计。

8）报表管理：支持对终端安全日志、漏洞修复日志、病毒日志、软硬件变更日志、审计日志、资产日志等进行汇总，并进行报表统计。能够从终端、全网、分组等多维度以及图表、数据等多视图角度进行统计与展现，帮助企业对日常安全防护、安全运维工作进行分析与评估。

2. 产品在实战中的应用

终端是一切恶意攻击的"着陆点"，而网络边界是恶意攻击要突破的第一道防线，作为安全防护体系部署的重要阵地，部署于终端与网络边界的安全措施应实现数据共享、协同防御及联动处置。

终端安全管理系统应与下一代防火墙（NGFW）、互联网控制网关（ICG）等产品实现深度的终端数据共享，为边界安全产品提供多维的访问控制决策支撑，实现端网协同防控。

此外，终端安全管理系统也可基于标准接口，接收并执行由威胁感知系统、安全运营中心下发的威胁处置指令，实现网络侧及终端侧的协同处置，大幅提升对攻击事件的响应效率。

在产品部署方面，在网络内部署管理中心，在线安装或者通过离线安装包安装客户端。管理中心通过互联网连接到云端的升级服务器进行升级、更新，然后客户端通过管理中心统一进行升级、更新及策略下发，可以极大节省企业总出口带宽。

客户端会根据管理中心下发的安全策略，进行体检、杀毒和漏洞修复等安全操作。可以设定终端是从管理中心更新病毒库、补丁库还是从互联网更新。

终端可连接云端进行云查杀，极大提高对终端病毒的查杀能力。

9.5 威胁情报系统

单纯采用基于攻击特征或者漏洞的防御方式往往防不胜防。需要基于威胁的视角，了解攻击者可能攻击的目标、使用的攻击工具和方法，以及所掌握的传输武器的互联网基础设施情况，有针对性地进行防御、检测、响应和预防，这就需要收集足够多的威胁情报。依靠分析威胁情报得出的威胁可见性以及对网络风险和威胁的全面理解，可以快速发现攻击事件，采取迅速、果断的行动应对威胁。威胁情报搜集及分析已经成为网络安全中不可或缺的一环。

1. 设备应具有的核心功能

1）报警研判：通过集成多方的威胁情报和基础网络数据，使安全人员可以对报警有比较明确的判断。具体的威胁情报和基础网络数据包括相关域名、IP历史上是否被发现恶意攻击行为，是否有与域名和 IP 相关的已知恶意软件，访问来源是否可疑（如 IDC 服务器作为终端来访问 Web 应用，通过 Tor、VPN、代理的访问）等。

2）攻击定性：可以通过多种方式获得与攻击相关的目的、危害、技战术等方面的信息，例如已知 IOC 的详细上下文、聚合的主要安全厂商安全报告及博客、关联网络基础设施所有者其余 IT 资源的标注上下文信息等。

3）关联分析：攻击者在进行攻击的时候，可能会在多次攻击中使用相同的IT 资源，因此，通过关联分析把握黑客手中的其他 IT 资源，就能够知道黑客进行的其他攻击事件。这种关联分析方式不但有助于对报警 IP、域名的判别以及对攻击上下文的了解，还能更全面地掌握黑客的攻击目的及历史行为等，甚至溯源到攻击者的社会身份。

4）结合多 AV 引擎检测、虚拟环境行为分析、威胁情报关联、自动化文件标签、启发式检测等技术，提供更精准的检测结果、更具体的威胁类别及更直观的分析结果，可以满足多个场景下对恶意软件的检测、研判和分析需求。

2. 产品在实战中的应用

威胁情报系统平台基于云端大数据提供 SaaS 服务的系统，可通过用户名、密码、验证码登录，对情报进行查询和使用通过对不限于 IP、域名、样本文件的分析结果，能够为安全运营人员基于二次分析、报警研判、攻击定性、黑客画像及持续跟踪等提供有力支持。

1）APT 情报：通过对第三方公开的 APT 事件和对已有 APT 团伙的持续跟踪，监控组织是否被 APT 攻击影响，并确定内部受控主机，防止重大损失发生。

2）失陷情报：通过对僵尸网络、蠕虫木马、后门软件、黑客工具等恶意事件的检测，发现内部被黑客控制的主机，防止个人及组织信息泄露或成为攻击跳板。

3）文件信誉情报：通过本地查杀、云查杀，结合主动防御、沙箱技术、非白即黑的先进防御技术，提供可靠的文件信誉判定结果。

4）IP 信誉情报：如是否有历史攻击行为（包括是否是僵尸网络），是否进行了暴力破解，是否进行了 DDoS 攻击，是否进行了扫描或者垃圾邮件攻击等，用以过滤出优先级较高（或较低）的攻击事件，或了解攻击者的背景信息。

5）URL 信誉情报：基于 URL 行业信息、地理位置、在线状态、恶意网址类别等多维度情报信息，对出站流量进行检测。通过恶意研判和关联威胁，帮助用户自动化分析来自终端访问互联网业务的 URL 是否存在风险，是否被黑产和其他网络攻击团伙使用，及早发现内部可能遭受攻击的主机，并实时告警，确认是否拦截。

红队经典防守实例

本章选取了金融单位、集团公司和政府单位三个红队经典防守实例,从防守思路、重点和职责分工等方面,直观展示了如何实操红队防守各阶段的工作及防守策略、防护手段,给不同组织和业务场景下,分阶段、有侧重开展红队防守工作提供最佳实践案例。

10.1 严防死守零失陷:某金融单位防守实例

10.1.1 领导挂帅,高度重视

本实例中红队为某金融单位。应对国家网络安全实战攻防演练工作不是网络安全部门一个团队的事情,也不单是信息技术部一个部门的事情,它需要全公司多部门、多组织协同分工、联合作战。为加强公司应对国家网络安全实战攻防演练工作的组织领导,保障这一工作的稳步开展,该金融单位召开专门会议,成立了国家网络安全实战攻防演练工作领导小组。领导小组组长由总裁担任,副组长由 IT 总监担任,成员包括总部一级部门的负责人以及各子公司的总经理。

10.1.2　职责明确，全员参战

该金融单位召开了公司全系统的演练工作动员会，签订了网络安全责任书，落实了安全责任。它成立了安全监测组、分析研判组、应急处置组、溯源反制组、协调联络组、后勤保障组等有关工作组，并实行 24 小时值班制，以实现对各类网络攻击的安全监测、分析研判、溯源反制和应急处置等。此外，它还要求各子公司、分公司共同开展安全防守工作，联防联控，每日报送安全监测情况。如发生网络安全事件或发现网络攻击行为，须通过电话及时报告公司攻防演练工作领导小组。

10.1.3　全面自查，管控风险

（1）摸清资产，心里有数

摸清资产是开展网络安全防控工作的前提。为此，须全面开展网络资产排查，梳理实体服务器、虚拟服务器、网络设备、安全设备、交易类系统、非交易类系统，形成资产台账。

该金融单位同时梳理了交易类系统、非交易类系统的应用组件资产，并形成应用资产台账。相关人员可通过情报系统实时查看这些资产，并评估是否存在应用组件层的 0day 漏洞。

（2）责任到人，落实到位

该金融单位制订了详细的方案计划。通过将方案计划落实到人，及时更新进度，做到事事有人管。工作计划（部分）如表 10-1 所示。

表 10-1　工作计划（部分）

阶　段	工作类别	工作内容	负责人	配合部门及人员	第三方配合单位及人员
准备阶段	资产梳理				
	集权系统梳理				
	网络架构检查				

（续）

阶 段	工作类别	工作内容	负责人	配合部门及人员	第三方配合单位及人员
准备阶段	攻击路径梳理				
	安全防护设备、厂商梳理				
	流量威胁分析、态势感知等安全监测设备梳理				

（3）查缺补漏，心里有底

漏洞修复是开展网络安全防控工作的基础。该金融单位开展了开源组件扫描、漏洞扫描和渗透测试，建立风险动态管理台账，紧盯问题一对一整改，问题整改完成率高达90%。通过内部梳理网络基础设施服务情况，关闭无用端口，切断不必要的访问渠道，梳理网上交易区、办公区、第三方外连区等网络边界运行状况，有效降低了被突破的风险。

（4）监控无死角，心里有数

该金融单位除了在互联网网络边界和内网重要边界部署了防火墙、云防护、应用防火墙等常规安全防护措施外，为避免缺乏网络性能分析、网络流量溯源分析、横向攻击监测，还部署了全流量威胁感知系统，接入了网上交易、集中交易、办公网、非核心等区域的流量，并为服务器安装了主机监控系统，尽可能做到监控无死角，进一步完善公司的安全防护体系，提升安全防护能力。

（5）攻防预演，有效验证

攻防演练是检验网络安全防护能力的重要手段。攻防演练前，该金融单位参考攻防演练规则，开展了为期7天的模拟演练。它通过实战检验安全防护效果和应急处置机制，对存在的不足与问题提前发现、提前解决，进一步完善了监测、研判、处置等各环节的协同配合能力，验证了当前网络的安全防御体系。

（6）提升意识，杜绝社工

为了杜绝社会欺骗利用攻击事件，该金融单位采用了管理手段与技术手段相结合的方式。在管理侧，采用先培训、后考试、再模拟的方式，对员工进行了两轮防邮件钓鱼培训，并在攻防演练期间跟进情报搜集的社工手法，对员工进行邮件警惕通知。在技术侧，在备战阶段深入业务需求，到各部门进行详细调研，整理了办公所需的外连资源，在防火墙、上网行为管理等方面制定了严格的访问控制策略。除此之外，还定期组织安全意识培训、安全意识考核，并在各楼层张贴防钓鱼海报，播放安全意识宣传视频，成功降低了员工被社工钓鱼的风险。

10.1.4　顽强作战，联防联控

（1）坚守阵地，稳扎稳打

公司攻防演练工作组根据该金融单位的安全防御现状，制定了"防守为主"的作战方针。设立攻防演练现场指挥部，负责统一指挥安全监测组、分析研判组、应急处置组、溯源反制组及其他机动力量。各组按预定战术战法，依次进行全网漏洞扫描动作缄默，监测发现快速判断快速处置，对事件分级分类，重点溯源，协同联动，跟踪到底确保闭环，最后每日研判态势并动态调整策略。该金融单位演练工作组的组织架构如图 10-1 所示。

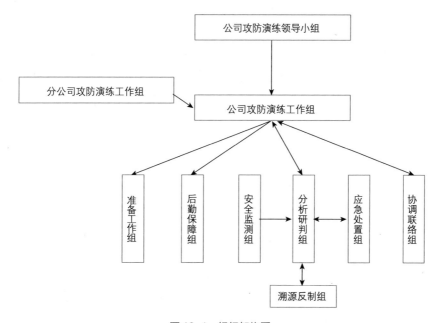

图 10-1　组织架构图

（2）重点防护

针对核心资产，组建团队进行重点防护和监控。根据演练进展精准跟踪资产安全状况，及时进行综合研判分析，采取有针对性的措施进行处置。特别是对参加攻防演练的目标系统部署专人盯护，确保靶标系统能够安全运行。

（3）联防联控

通过日例会机制，每天总结防守得失，分析研判每日态势，动态调整防守策略和防守重点，调配机动力量，确保演练目标安全。

1）责任分工清晰。为解决过往编制报告工作分散研判专家过多时间与精力的问题，单独设置了报告编制岗位，从而充分解放研判专家，使研判专家能够更加专注于事件分析与技术研判工作，极大地提高作战效率。

2）监测研判协同。改变过往安全监测人员与分析研判人员无法及时沟通，导致安全事件信息传递不及时、信息传递有损失的情况。该金融单位采用内部即时通信工具，按照不同事件类型进行职责分工分组，达到安全事件信息高效传递、准确研判，并通过威胁运营平台进行事件上报工作，安全监测人员发现疑似攻击成功事件时，可以直接反馈给研判专家，由研判专家进行分析，确保每个事件有人跟进，完成闭环。

3）情报协同。该金融单位建立情报组，积极搜集民间、同行业、国家监管机构的威胁情报，对搜集的情报信息进行甄别并评估加固工作，及时对子公司进行通告预警，从而在很大程度上预防未知风险导致的入侵行为。

10.2　厘清现状保核心：某集团公司防守实例

10.2.1　明确核心，总结经验

本案例中红队为某集团公司，下辖多个二级企业，网络环境庞大且复杂，可利用的攻击点众多，主要体现在：集团网络和所有二级企业、外部业务单位互联互通；各二级企业具有各自的互联网出口，且出口部署有向外部提供服务的应用系统；各级单位还迁移了大量系统至集团公有云上，防护点分散且复杂。

经过研究，集团决定采取分级防护策略，确认本次演练的防护核心为集团的目标系统，一级防护系统为集团公有云、关基系统和工控系统，二级防护为下级企业重点系统和互联网暴露系统，三级防护为其他一般系统。形成分级防护，争取阵地不失（见图 10-2）。

图 10-2　分级防护策略图

在确定防护策略后，集团进行了以下工作：首先，充分总结往年攻防演练时容易出问题的薄弱环节，学习攻击方常用的攻击手段，组织"网络安全周"活动；其次，梳理监控盲点、隐蔽路径、老旧资产、口令安全、重点应用和安全设备漏洞等重点薄弱环节，并开展整体安全加固工作；最后，通过"网络安全周"活动提高所有员工的网络安全意识。

重点梳理工作如下：

- ❑ 网络架构梳理（可能的攻击路径有互联网、外连专线、VPN、物理攻击）；
- ❑ 关基系统、工控系统梳理；
- ❑ 重要系统确认，重要系统资产梳理；
- ❑ 所有 Web 页面、VPN、API、App 梳理；
- ❑ 集权系统梳理；
- ❑ 全面复测、历史系统漏洞梳理；
- ❑ 在野托管系统梳理。

10.2.2　合理规划，全面自查

集团总部成立实战攻防演练领导小组，负责整体工作的重大决策，统一领导和指挥调度。同时成立行动指挥部，负责网络安全保障的工作部署、监督检查与应急调度。指挥部下设工作组，负责演练的组织协调、技术支撑等工作。要求各二级单位成立工作小组，并制订安全防护工作计划，确立工作红线。

整体工作包括筹备、安全检查、评估加固、防护值守和总结五个阶段，根据组织分工，各岗位分别开展相关工作（见图10-3）。

	安全检查	评估加固	防护值守	总结
全员宣贯动员	互联网新增资产排查	组织评估	组织协同防护	技战术总结
组织分工	新增网络链路评估	发现重点暴露面安全漏洞	安全监控	
二级单位联防联动	内网安全检查	蓝队评估	分析处置	复盘总结
防护体系优化	专项安全检查	问题总结	溯源分析	

图10-3　防护工作阶段规划

安全检查阶段是整体防护工作的基础，需要进行全面的风险隐患识别和治理，主要包括互联网新增资产排查、新增网络链路评估、内网安全检查、专项安全检查等工作。通过安全检查，集团共发现安全隐患11类，修复各类应用系统和操作系统、中间件等的中高危漏洞2650余个，优化安全策略534条，整改弱口令等账户问题940余个。通过上述措施，集团掌握了自身安全状况，做到对潜在的安全隐患心中有数，并及时进行修复和加固。

通过互联网暴露信息清查，集团发现了原来未掌握的暴露在互联网上的网站、邮箱、源代码、文件和社交软件群等，通过及时清查和处理，很大程度上降低了互联网暴露信息被蓝队利用的风险（见图10-4）。

10.2.3　纵深防御，全面监控

在安全防护体系方面，依据纵深防御的理念，在集团所有互联网边界统一

接入云 WAF 安全防护，首先清洗和拦截无效攻击流量。在集团和下级防护单位边界部署防火墙、WAF 等安全防护设备，合理配置安全策略，形成互联网边界防御纵深。集团内外业务网通过网闸隔离，外部业务网根据业务实际情况划分和优化安全域，并在各安全域之间通过防火墙等措施实行严格的访问控制，有效避免跨安全域横向和纵向渗透攻击。所有服务器和用户终端均部署系统级防护软件，强化最后一道防线的防护力度。集团云部署云防护软件，防护基于云特性的内存、逃逸等攻击，形成立体、无死角的安全防护体系。

图 10-4　互联网暴露信息清查示例

在各个网络区域均部署流量探针、蜜罐系统，集团云、服务器部署监控软件。邮件服务器部署防钓鱼软件、沙箱等社工监控软件，实现纵向、横向的全面安全监控。同时结合集团大数据威胁特征库对监控流量进行快速、精准、有效的告警，形成全面、精准、无死角的安全监控系统。

10.2.4　联动处置，及时整改

实战攻防演练期间，防护、监控、研判、应急等小组按照领导小组的统一部署，坚守各自岗位，持续应对各类攻击。监控小组通过网络威胁监控、云监控、主机监控、蜜罐等监控系统，对网络、社工和外部通道开展全天候的安全监测、发现、分析和预警。研判小组对各类攻击事件快速进行综合研判。应急小组针对发现的问题启动应急处置流程，快速处置各类攻击事件，消除网络攻击行为。基础保障小组每天对防护设备、安全监控设备进行规则策略调整和规则库升级。在防护期间，工作组每天定时召开防守工作例会，各岗位、各单位汇总和分析当天攻击事件，对攻击手段、封禁 IP 地址、漏洞隐患、新漏洞等情况进行通报和处置，形成联防联控机制，只要一点发现问题，就及时全面整改。领导小组每天总结经验，及时对相应工作进行调整，为高效应对攻击行为做好保障。通过上述工作，集团整体防护和监控系统得以安全有效运行。

攻防演练期间，共发现 230 万余次网络扫描、代码执行、SQL 注入、路径穿越、后门程序连接尝试、目录遍历、敏感信息探测、命令执行和木马上传等攻击行为，被攻击的对象涉及各级单位的各类应用系统共 133 个。

10.3　准备充分迎挑战：某政府单位防守实例

相较于金融企业、互联网企业，政府单位的信息化和网络安全建设起步相对较晚，信息系统自身的健壮性和网络安全防护能力均有不足，面临的攻击路径更多，防守面更广，防守压力更大。某政府单位在参加大型实战攻防演练时，充分分析行业特点和自身情况，总结出具有自身特点的防守方案。

10.3.1　三项措施，演练前期充分备战

攻防演练的准备阶段对所有防守单位来说是最重要也最基础的阶段，该阶段工作的执行情况决定了参演单位的最终防守成绩。该阶段旨在摸清当前单位的整体网络安全现状，找到网络边界和网络内部的风险，通过一系列风险管理和技术手段，对所有风险实现相对清零。某政府单位制定了"1 个组织，2 个机制，3 个任务"的三项工作实施措施（见图 10-5），详细说明如下。

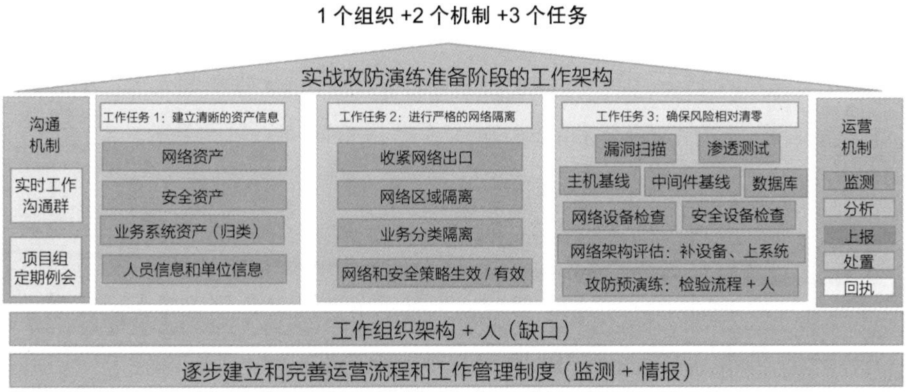

1 个组织 +2 个机制 +3 个任务

图 10-5 实战攻防演练准备阶段的工作架构图

1）明确 1 个组织。经前期评估，明确了清晰的工作组织：分管理层和执行层，执行层又分安全监测、研判分析、应急处置和溯源取证 4 个工作小组，负责实施措施的落实和各安全工作的执行。

2）确定 2 个机制。没有沟通，就没有管理；没有运营，就无法解决发现的安全隐患。如果缺少沟通和运营，一系列安全实施措施和行为就成了只有设想缺乏活力的机械行为。因此，该政府单位在建立工作组织的同时确定了防守团队的沟通机制和运营机制。

① 建立沟通机制，旨在让执行层将每天、每周的工作成果和困难及时与管理层同步，便于管理层整体了解工作进度和困难，并协助解决困难。为此，最后确定执行层各组成员每天召开收工会，每周向管理层汇报工作进度、困难和成果。同时，项目组还创建了一线人员工作即时通信的渠道，方便工作人员之间沟通和同步工作。

② 建立运营机制，旨在让执行层在检查出风险后，通过管理和技术手段有效降低风险。同时，运营机制是执行层在正式攻防演练期间遇到攻击时，预警和传递信息的关键。

项目组确定攻防演练前期建立通过安全排查发现风险，管理层协助整改、消除风险的工作模式；确定正式攻防演练期间建立"安全监测组实时监测—分析研判组研判分析—应急处置组立即处置—溯源取证组取证溯源"的流程机制，实现安全防护工作的闭环。

3）完成 3 个任务。明确工作组织架构、建立安全工作机制之后，需要确认 3 个重要问题：资产是否非常清晰？网络是否做好隔离？风险是否相对清零？

对应这 3 个问题，就产生了如下 3 个任务。

❑ **建立清晰的资产信息**。网络安全工作是围绕网络安全信息资产展开的，因此，详细、彻底的资产梳理工作是攻防演练项目组最重要的工作之一。工作人员不断整理，将网络资产、安全资产、业务系统资产（归类）、人员信息和单位信息录入台账，为后续开展安全检查、攻防演练预演和正式攻防演练确认了准确的基础信息。

❑ **进行严格的网络隔离**。一是网络出口越多代表暴露面越大，因此收紧网络出口、进行网络出口割接工作是本次工作的重中之重；二是对各网络出口边界基础设施做好隔离，如边界负载均衡、防火墙、WAF、流量监测系统等；三是对应用系统实行网格式隔离。为了实现网格式隔离，对网络安全配置策略进行细化，开启虚拟化云平台虚拟工作组策略，启用主机防御的配置策略，尤其对关键业务系统采用更加严格的安全配置。

❑ **确保风险相对清零**。风险相对清零的前提是找出整体网络中技术层面和管理层面的各类风险。项目组通过一系列安全检查工作，针对网络架构、网络设备、应用系统、人员安全意识、管理流程等开展风险检查，发现并解决了多个风险点。同时根据历年实战攻防演练中常用的攻击方式，如弱口令、集权系统漏洞、供应链攻击等，成立专项问题整改组进行重点攻坚；建立并动态维护风险台账，派专人跟踪问题清零，对于存在高危风险的资产进行下线处理。

10.3.2 三段作战，破解演练防守困境

在演练的正式阶段，将整个演练分成三个阶段，再将每个阶段分为前后两个阶段。每个阶段，关键指标会有不同的表现。在大型实战攻防演练中，可以根据安全事件关键指标的变化判断当前所处的阶段，并采取应对措施。详细的三段作战如图 10-6 所示。

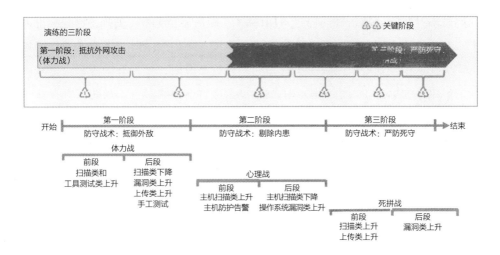

图 10-6　实战攻防演练三段作战图

第一阶段是体力战。在第一阶段的前段会发生相对较多的安全事件，其中扫描类和工具测试类的告警占比很高，此时攻击队在不断摸索进攻路径。在第一阶段的后段会发现扫描类的事件有所下降，但是漏洞类和上传类的事件有所上升，此时攻击队找到了一些可以攻击的路径并不断开始试探性攻击。此阶段的战术重心是依靠防守人员抵御外敌，通过监控发现攻击行为，并根据攻击队不断的尝试做出抵御动作。此阶段主要依靠防守人员监测攻击和处置人员不断阻断攻击源头，因此称为"体力战"。

第二阶段是心理战。第二阶段代表蓝队突破边界，进入内网。在第二阶段的前段会出现主机扫描类的事件上升。蓝队在找到路径并尝试攻击后，将会对目标主机展开猛烈攻击，此时被攻击的主机会产生大量的告警，并且红队应该更关注主机的告警，针对每一个告警都要做出及时有效的研判。只要发现并及时处置，不断打断和剔除攻击者，就会对蓝队的信心造成较大影响，尤其是随着攻防演练时间后延，剔除蓝队隐藏的攻击源头越多，对其心理打击就越大。在第二阶段的后段，主机扫描类事件下降，但操作系统和漏洞类安全事件将会上升。防守队需要保证对每一个告警处置的及时性和有效性。在此阶段红队和蓝队的心理对抗更加明显，战术重心是剔除内患，因此称为"心理战"。

第三阶段是死拼战。在第三阶段的前段会出现扫描类、漏洞类、上传类事件同时攀升。随着攻击和防守进入白热化，更多攻击资源会在最后阶段集中起来。红队的压力也会达到整个防守阶段的峰值，不但要及时分辨激增的告警信息，更要从中发现并研判攻击事件，如果处置不及时或处置有偏差都会带来巨大的影响。在第三阶段的后段，主机扫描类事件会再次攀升，攻防双方在此决战，拼技术，拼毅力，不到最后时刻谁都不会放弃。第三阶段的战术重心是严防死守，因此称为"死拼战"。

防守过程中，还要基于数据的变化来控制整体的防守节奏。通过及时优化和调整，尽量把蓝队控制在第一阶段，一般第一阶段拖的时间越长，越会减少红队的压力并带来较好的成绩。第二阶段的前段和第三阶段的后段是防守的关键阶段，也是能否取得好成绩的关键，这两段如果部署清晰明确，将会大幅提升整个演练的效果和成绩。

通过此次实战攻防演练中的防守实践，该单位成功保护了目标系统未被攻破，并取得了优异的防守成绩。经过实战的打磨，不断细化和完善实战攻防演练的工作方法，增强防守工作方法的执行力度，提高工作方法的准确性，该单位加强了网络安全实战化防护的整体能力。

第四部分
紫队视角下的实战攻防演练组织

　　紫队作为实战攻防演练的组织方，着眼于演练的整体局势，同时兼顾着红蓝双方的演练成果与风险。通过制定合理的演练规则与完备的应急预案，在确保不影响生产的前提下，利用攻防对抗的方式，可以充分发挥蓝队的攻击技术水平，并充分展现每个参演单位的动态防御、主动防御、纵深防御、精准防护、整体防护、联防联控的防守能力；在展现蓝队个人专业技能和团体作战优势的同时，深度检验参演单位系统的安全现状、应急响应机制的完善性、人员的应急处突能力等。

　　下面将从如何高效地组织实战攻防演练（及演练的风险规避措施）、组织攻防演练的 5 个阶段、组织沙盘推演的 4 个阶段三方面进行介绍。

如何组织一场实战攻防演练

实战攻防演练通常以实际运行的信息系统作为演练目标，通过有监督的攻防对抗，最大限度地模拟真实的网络攻击，以检验信息系统的安全性和运维保障的有效性。演练在保障业务系统安全性的前提下，明确目标系统，不限制攻击路径，以提权、控制业务、获取数据为目的。实战攻防演练包含攻击、防守、组织三方，并配备实战攻防演练平台。组织方负责演练整体工作的组织协调，主要包括以下几部分：演练组织、演练过程监控、演练技术指导、应急保障、演练总结、防守技术措施与策略优化建议等。实战攻防演练一般可分为准备、演练、收尾三个阶段。

11.1 实战攻防演练的组织要素

实战攻防演练的组织要素包括组织单位、技术支撑单位、攻击队、防守队四部分。

组织单位负责总体把控、资源协调、演练准备、演练组织、演练总结、落实整改等工作。

技术支撑单位由专业安全公司担任，负责提供对应的技术支撑和保障，进行攻防对抗演练环境搭建和攻防演练可视化展示。

攻击队一般由多家安全厂商独立组建，每支攻击队一般配备 3～5 人。在获得授权的前提下，以资产探查、工具扫描和人工渗透为主进行渗透攻击，以获取演练目标系统权限和数据。

防守队由来自参演单位、安全厂商等的人员组成，主要负责对防守队所管辖的资产进行防护，尽可能阻止蓝队拿到权限和数据。

11.2　实战攻防演练的组织形式

从实际需要出发，实战攻防演练的组织形式主要有以下两种。

1）由国家、行业主管部门、监管机构组织的演练。此类演练一般由各级公安机关、各级网信部门、政府、金融、交通、卫生、教育、电力、运营商等国家、行业主管部门或监管机构组织开展。针对行业关键信息基础设施和重要系统，组织攻击队及行业内各企事业单位进行网络实战攻防演练。

2）大型企事业单位自行组织的演练。金融企业、运营商、行政机构、事业单位及其他政企单位，针对业务安全防御体系建设有效性的验证需求，组织攻击队及企事业单位进行实战攻防演练。

11.3　实战攻防演练的组织关键

要保证实战攻防演练顺利实施，关键在于组织工作。关键的组织工作包括确定演练的范围、周期、场地和设备，组建攻防队伍，制定规则，录制视频等多方面。

1）演练范围：优先选择重点（非涉密）关键业务系统及网络。

2）演练周期：结合实际业务开展，一般建议 1～2 周。

3）演练场地：依据演练规模选择相应的场地，要能够容纳组织单位、攻击队、防守队，且三方场地要分开。

4）演练设备：搭建攻防演练平台、视频监控系统，为攻击方人员配发专用电脑（或提供虚拟攻击终端）等。

5）攻击队组建：选择参演单位自有人员或聘请第三方安全服务商专业人员组建。

6）防守队组建：以各参演单位自有安全技术人员为主，以第三方安全服务商专业人员为辅组建。

7）演练规则制定：演练前明确制定攻击规则、防守规则和评分规则，保障攻防过程有理有据，避免攻击过程对业务运行造成不必要的影响。

8）演练视频录制：录制演练全过程的视频，作为演练汇报材料及网络安全教育素材，内容包括演练工作准备、攻击队攻击过程、防守队防守过程及裁判组评分过程等。

实战攻防演练前须制定攻防演练约束措施，规避可能出现的风险，明确提出攻防操作的限定规则，保证攻防演练能够在有限范围内安全开展。

11.4　实战攻防演练的风险规避措施

（1）演练限定攻击目标系统，不限定攻击路径

演练时，可通过多种路径攻击，不对攻击队所采用的攻击路径进行限定。在攻击路径中发现安全漏洞和隐患，攻击队应将实施的攻击及时向演练指挥部报备，不允许对其进行破坏性的操作，避免影响业务系统正常运行。

（2）除非经授权，演练不允许使用拒绝服务攻击

由于演练在真实环境下开展，为不影响被攻击对象业务的正常开展，除非经演练主办方授权，演练不允许使用 SYN Flood、CC 等拒绝服务攻击手段。

（3）网页篡改攻击方式的说明

演练只针对互联网系统或重要应用的一级或二级页面进行篡改，以检验防守队的应急响应和侦查、调查能力。演练过程中，攻击队要围绕攻击目标系统

进行攻击渗透，在获取网站控制权限后，需先请示演练指挥部，获同意后在指定网页张贴特定图片（由演练指挥部下发）。如目标系统的互联网网站和业务应用防护严密，攻击队可以将与目标系统关系较为密切的业务应用作为渗透目标。

（4）演练禁止采用的攻击方式

实战攻防演练中的攻防手法也有一些禁区。设置禁区的目的是确保通过演练发现的信息系统安全问题真实有效。一般来说，禁止采用的攻击方式主要有三种：

1）禁止通过收买防守队人员进行攻击；
2）禁止通过物理入侵、截断并监听外部光纤等方式进行攻击；
3）禁止采用无线电干扰机等直接影响目标系统运行的攻击方式。

（5）攻击方木马使用要求

木马控制端须使用由演练指挥部统一提供的软件，所使用的木马应不具有自动删除目标系统文件、损坏引导扇区、主动扩散、感染文件、造成服务器宕机等破坏性功能。演练禁止使用具有破坏性和感染性的病毒、蠕虫。

（6）非法攻击阻断及通报

为加强对各攻击队攻击的监测，通过攻防演练平台开展演练全过程的监督、记录、审计和展现，避免演练影响业务正常运行。演练指挥部应组织技术支撑单位对攻击全流量进行记录、分析，在发现不合规攻击行为时阻断非法攻击行为，并转由人工处置，对攻击队进行通报。

组织攻防演练的 5 个阶段

实战攻防演练的组织一般可分为 5 个阶段。

1）组织策划阶段。此阶段明确演练的最终目标，组织策划演练的各项工作，形成可落地的实战攻防演练方案，并须得到领导层认可。

2）前期准备阶段。在已确定实施方案的基础上开展资源和人员的准备，落实人财物。

3）实战攻防演练阶段。此阶段是整个演练的核心，由组织方协调攻防两方及其他参演单位完成演练工作，包括演练启动、演练过程、演练保障等。

4）应急演练阶段。针对演练过程中发生的突发事件，由组织方协调攻防双方完成应急响应工作，及时恢复业务和检验防守队的应急响应能力与机制。

5）演练总结阶段。先恢复所有业务系统至日常运行状态，再进行工作成果汇总，为后期整改建设提供依据。

在某些情况下，演练过程还可能会追加第六个阶段，即沙盘推演阶段。所谓沙盘推演，是实战演练的补充，通过对无法进行实战演练的关基系统开展模拟推演，评估真实网络攻击可能对政企机构及公共安全产生的实际影响。

沙盘推演并不是实战攻防演练的必选阶段，其整体策划和组织过程也分为多个阶段。关于沙盘推演的组织过程，我们将在第 13 章讲述。下面对除沙盘推演外的 5 个阶段进行详细介绍。

12.1　组织策划阶段

实战攻防演练能否成功，组织策划环节非常关键。组织策划阶段主要从建立演练组织、确定演练目标、制定演练规则、制定评分规则、确定演练流程、搭建演练平台、采取应急保障措施这七方面进行合理规划，精心编排，这样才能指导后续演练工作开展。

1. 建立演练组织

为确保攻防演练工作顺利进行，需成立演练领导小组及演练工作小组，组织架构通常如图 12-1 所示。

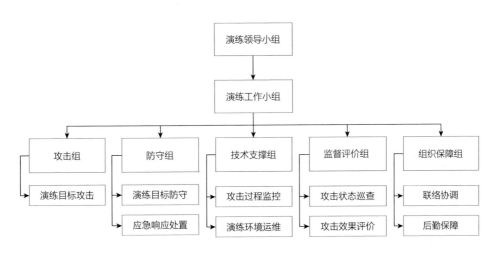

图 12-1　演练组织架构示意图

演练指挥小组（指挥部）由组织单位相关部门领导和技术专家共同组成，负责演练工作的总体指挥和调度。

演练工作小组由演练指挥小组指派专人组成，负责演练工作的具体实施和保障。下设如下实施小组。

（1）攻击组

攻击组由参演单位及安全厂商攻击人员构成，一般包括攻防渗透人员、代码审计人员、内网攻防渗透人员等技术人员，负责对演练目标实施攻击。

（2）防守组

防守组由各个防护单位运维人员和安全运营人员组成，负责监测演练目标，发现并遏制攻击行为，进行相应处置。

（3）技术支撑组

技术支撑组的职责是在攻防过程中进行整体监控，主要工作为在攻防过程中进行实时状态监控、阻断处置操作等，保障攻防过程安全、有序开展。演练组织方，即紫队需要负责演练环境运维，维护演练 IT 环境和演练监控平台正常运行。

（4）监督评价组

监督评价组由攻防演练主导单位组织形成，分为专家组和裁判组，负责在攻防演练过程中巡查各个攻击小组，即蓝队的攻击状态，监督攻击行为是否符合演练规则，并对攻击效果和攻击成果进行评价。专家组负责对演练整体方案进行研究，在演练过程中对攻击效果进行总体把控，对攻击成果进行研判，保障演练安全可控。裁判组负责在演练过程中对攻击状态和防守状态进行巡查，对攻击队的操作进行把控，对攻击成果判定相应分数，依据公平、公正原则对参演攻击队和防守队给予排名。

（5）组织保障组

组织保障组由演练组织方指定工作人员组成，负责演练过程中的协调联络和后勤保障等事宜，包括演练过程中的应急响应保障、演练场地保障、视频采集等工作。

2. 确定演练目标

依据实战攻防演练需要达到的演练效果，对参演单位业务和信息系统全面梳理，由演练组织方选定或由参演单位上报，最终确定演练目标。通常会首选关键信息基础设施、重要业务系统、门户网站等作为演练目标。

3. 制定演练规则

为了避免演练过程中攻击队的不当攻击行为对业务系统产生影响，从而导致演练工作受阻或停滞，应根据参演单位的实际环境对系统所能承受的攻击方式进行调研，并制订相应的攻击约束方式。针对攻击队的攻击约束方式包括但不限于以下两类

（1）禁止使用的攻击方式

- ❑ DDoS 攻击；
- ❑ ARP 欺骗攻击、DHCP 欺骗；
- ❑ 域名系统（DNS）劫持攻击；
- ❑ 感染与自动复制功能病毒；
- ❑ 多守护进程木马等攻击方式；
- ❑ 破坏性的物理入侵（例如：通过截断和监听外部光纤进行攻击）；
- ❑ 通过收买防守队人员进行攻击；
- ❑ 在约定时间范围之外攻击；
- ❑ 在约定 IP 范围之外攻击。

（2）谨慎使用的攻击方式

- ❑ 物理攻击（如智能门禁、智能电表）；
- ❑ 通过内网端口大规模扫描；
- ❑ 获取权限后有侵害的操作；
- ❑ 修改业务数据；
- ❑ 内存溢出；
- ❑ 暴力破解；
- ❑ 大批量查询。

4.制定评分规则

为了直观地体现在演练过程中攻防双方的成果，引入攻防双方评分规则。

攻击队评分规则中，加分项通常包括获取权限类、突破边界类、获取目标系统权限类、发现演练前已有攻击事件类、漏洞发现类、总结报告编写质量、沙盘推演环节方案贡献程度等，减分项主要包括违反演练规则或制度、报告编写质量差、被防守队溯源等。

防守队评分规则中，加分项通常包括监测发现类、分析研判类、应急处置类、通报预警类、协同联动类、追踪溯源类、0day 漏洞的发现和处置等（为了提升防守单位的防守技术能力，可以适当增加防守队反击的分类）；减分项主要包括违反演练规则或制度以及被攻击方获取数据、获取权限、突破网络边界、控制目标系统等。

具体评分规则仍须根据演练行业属性、参演目标系统属性等实际情况进行细化与修订，以达到更准确、更合理地衡量演练成果的作用。

5.确定演练流程

实战攻防演练正式开始后的流程一般如图 12-2 所示。

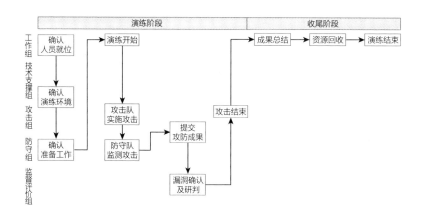

图 12-2　攻防演练流程图

1）确认人员就位：确认攻击组人员以及攻防演练组织方、防守组人员按要求到位。

2）确认演练环境：攻击组与技术支撑组确认演练现场和演练平台准备就绪。

3）确认准备工作：防守组确认参演系统备份情况，目标系统正常并已做好相关备份工作。

4）演练开始：各方确认准备完毕，演练正式开始。

5）攻击组实施攻击：攻击组对目标系统开展网络攻击，记录攻击过程和成果证据。

6）防守组监测攻击：防守组可利用安全设备对网络攻击进行监测，对发现的攻击行为进行分析和确认，并详细记录监测数据。

7）提交攻防成果：演练过程中，蓝队人员发现可利用安全漏洞，将获取的权限和成果截图保存，通过平台进行提交。

8）漏洞确认及研判：监督评价组确认提交的漏洞的真实性，并根据演练计分规则评分。

9）攻击结束：在演练规定时间外，攻击组人员停止对目标系统的攻击。

10）成果总结：演练工作组协调各参演小组，对演练中产生的成果、问题、数据进行汇总，输出演练总结报告。

11）资源回收：由演练工作组负责对各类设备、网络资源进行回收，同时对相关演练数据进行回收处理，并监督攻击组人员清除在演练过程中使用的木马、脚本等数据。

12）演练结束：对所有目标攻击结束后，工作小组还需要进行内部总结汇报，之后演练结束。

6.搭建演练平台

为了保证演练过程安全可靠，需搭建攻防演练平台，演练平台可为攻击人员提供攻击 IP、反弹回连虚拟机、虚拟网络分组。攻击队通过平台进行实时攻击和成果提交，防守队通过平台进行防守成果上报，保障所有操作可追溯、可审计，尽可能地降低演练所产生的风险。

7.采取应急保障措施

指攻防演练中发生不可控突发事件，导致演练过程中断、终止时，需要采取应急保障措施。需要预先对可能发生的紧急事件（如断电、断网、业务停顿等）制订临时处置安排措施。攻防演练中一旦参演系统出现问题，防守队应采取临时处置安排措施，及时向指挥部报告，由指挥部通知攻击队第一时间停止攻击。指挥部应组织攻防双方制订攻击演练应急预案，具体应急响应预案在演练实施方案中完善。

12.2 前期准备阶段

要保证实战攻防演练顺利、高效开展，必须提前做好两项准备工作：一是资源准备，涉及演练场地、演练平台、演练人员专用电脑、视频监控、演练备案、演练授权、保密协议及规则制定等；二是人员准备，包括攻击队、防守队的人员选拔与审核，队伍组建等。

1. 资源准备

1）演练场地布置：演练展示大屏、办公桌椅、攻击队网络搭建、演练会场布置等。

2）演练平台搭建：完成攻防平台开通、攻击队账户开通、IP 分配、防守队账户开通，做好平台运行保障工作。

3）演练人员专用电脑：为演练人员配备专用电脑，安装安全监控软件、防病毒软件、录屏软件等，做好事件回溯机制。

4）视频监控部署：部署攻防演练场地办公环境监控，做好物理环境监控保障。

5）演练备案：演练组织方向上级主管单位及监管机构（公安、网信等）进行演练备案。

6）演练授权：演练组织方向攻击队和平台提供方进行正式授权，确保演练工作在授权范围内有序进行。

7）保密协议：与参与演练工作的第三方人员签署相关保密协议，确保信息安全。

8）攻击规则制定：攻击规则包括攻击队接入方式、攻击时间、攻击范围、特定攻击事件报备等，明确禁止使用的攻击行为，如导致业务瘫痪、信息篡改、信息泄露、潜伏控制等的动作。防守规则包括防守时间、防守范围及明确禁止的防守行为，如直接断网下线、长时间或大范围封禁攻击 IP 等。

9）评分规则制定：依据攻击规则和防守规则制定评分规则。例如，防守队评分规则包括发现类、消除类、应急处置类、追踪溯源类、演练总结类加分项及减分项等，攻击队评分规则包括目标系统、集权类系统、账户信息、关键信息系统加分项及减分项等。

2. 人员准备

1）蓝队：组建攻击队，确定攻击队数量，建议每队参与人员为 3～5 人，对人员进行技术能力、背景等方面的审核；确定攻击队负责人并构建攻击队组织架构，签订保密协议；向攻击人员宣贯攻击规则及演练相关要求。

2）红队：组建防守队，确定是全部采用本组织人员作为防守人员还是请第三方人员加入；对人员进行技术能力、背景等方面的审核，确定防守方负责人并构建防守方组织架构；与第三方人员签署保密协议，向防守人员宣贯防守规则及演练相关要求。

12.3　实战攻防演练阶段

1. 演练启动

演练组织方组织相关单位召开启动会议，部署实战攻防演练工作，对攻防双方提出明确的工作要求并制定相关约束措施，确定相应的应急预案，明确演练时间，宣布正式开始演练。

实战攻防演练启动会的召开是整个演练过程的开始。启动会需要准备好相关领导发言，宣布规则、时间、纪律要求，攻防双方人员签到与鉴别，攻击队抽签分组等工作。启动会约为 30 分钟，确保会议相关单位及部门领导及人员到位。

2. 演练过程

演练过程中组织方依据演练策划内容，协调攻击队和防守队实施演练，在过程中主要开展演练监控、演练研判、应急处置等工作。

（1）演练监控

演练过程中攻方和守方的实时状态以及比分情况将通过安全可靠的方式接入组织方内部的指挥调度大屏，领导、裁判、监控人员可以随时指导和视察。全程监控攻击系统的运行状态、攻击人员操作行为、攻击成果、防守队的攻击发现和响应处置，从而掌握演练全过程，确保公平、公正、可控。

（2）演练研判

演练过程中对攻击队及防守队的成果进行研判，从攻击队及防守队的过程结果进行研判评分。对攻击方的评分机制包括攻击方对目标系统攻击所造成实际危害程度、准确性、攻击时间长短以及漏洞贡献数量等，对防守方的评分机制包括发现攻击行为、响应流程、防御手段、防守时间等。从多个角度进行综合评分，得出攻击队及防守队的最终得分和排名。

（3）演练处置

演练过程中遇突发事件，防守队无法有效应对时，演练组织方提供应急处置人员对防守队出现的问题进行快速定位、分析、解决，保障演练系统或相关系统安全稳定运行，实现演练过程安全可控。

（4）演练保障

人员安全保障：演练开始后需要每日让攻防双方人员签到并进行鉴别，保障参与人员全程一致，避免出现替换人员的现象，保障演练过程公平、公正。

攻击过程监控：演练开始后，通过演练平台监控攻击人员的操作行为，并进行网络全流量监控；通过视频监控对物理环境及人员全程监控，并且每日输出日报，对演练进行总结。

专家研判：聘请专家通过演练平台开展研判，确认攻击成果，确认防守成果，判定违规行为等，对攻击和防守给出准确的裁决。

攻击过程回溯：通过演练平台核对攻击队提交的成果与攻击流量，发现违规行为及时处理。

信息通告：利用信息交互工具，如蓝信平台，建立指挥群，统一发布和收集信息，做到信息快速同步。

人员保障：采用身份验证的方式对攻击人员进行身份核查，派专人现场监督，建立应急团队待命处置突发事件；演练期间派医务人员实施医务保障。

资源保障：每日对设备、系统、网络链路进行例行检查，做好资源保障。

后勤保障：安排演练相关人员合理饮食，现场预备食物与水。

突发事件应急处置：确定紧急联系人列表和执行预案，遇突发事件报告指挥部，开展应急演练工作。

12.4 应急演练阶段

在演练过程中，针对参演单位失陷的业务系统，组织攻击队和参演单位进行应急事件处理，目的是通过应急演练，快速恢复业务和检验参演单位的应急响应机制与流程，利用实战演练环境将演练实战化，提升参演单位的应急响应能力和完善应急响应机制。

1. 检测阶段

1）目标：接到事故报警后在服务对象的配合下对异常系统进行初步分析，确认其是否真正发生信息安全事件，制订进一步的响应策略并保留证据。

2）角色：应急服务实施小组成员、样本分析组、漏洞分析组。

3）内容：

❏ 检测范围及对象的确定；
❏ 检测方案的确定；
❏ 检测方案的实施；
❏ 检测结果的处理。

4）输出：《应急响应检查单》。

2. 抑制阶段

1）目标：及时采取行动抑制事件扩散，控制潜在的损失与破坏，同时要确保封锁方法对相关业务影响最小。

2）角色：应急服务实施小组成员、样本分析组、漏洞分析组。

3）内容：

❑ 抑制方案的确定；

❑ 抑制方案的认可；

❑ 抑制方案的实施；

❑ 抑制效果的判定。

4）输出：《应急处置方案》。

3. 根除阶段

1）目标：对事件进行抑制之后，通过对有关事件或行为的分析，找出事件根源，明确相应的补救措施并彻底清除。

2）角色：应急服务实施小组成员、样本分析组、漏洞分析组。

3）内容：

❑ 根除方案的确定；

❑ 根除方案的认可；

❑ 根除方案的实施；

❑ 根除效果的判定。

4）输出：《根除处理记录表》。

4. 恢复阶段

1）目标：恢复安全事件所涉及的系统并还原到正常状态，使业务能够正常进行，恢复工作中应避免出现误操作，导致数据丢失。

2）角色：应急服务实施小组。

3）内容：

❑ 恢复方案的确定；
❑ 恢复信息系统。

5. 总结阶段

1）目标：通过以上各个阶段的记录表格，回顾安全事件处理的全过程，整理与事件相关的各种信息，进行总结，并尽可能把所有信息记录到文档中。

2）角色：应急服务实施小组。

3）内容。

❑ 事故总结。应急服务提供者应及时检查安全事件处理记录是否齐全，是否具备可塑性，并对事件处理过程进行总结和分析。应急处理总结的具体工作包括但不限于以下几项：

- 事件发生的现象总结；
- 事件发生的原因分析；
- 系统的损害程度评估；
- 事件损失估计；
- 采取的主要应对措施；
- 相关的工具文档（如专项预案、方案等）归档。

❑ 事故报告：

- 应急服务提供者应向服务对象提供完备的网络安全事件处理报告；
- 应急服务提供者应向服务对象提供网络安全方面的措施和建议。

12.5 演练总结阶段

1. 演练恢复

演练结束后须做好相关保障工作，如收集报告、清除后门、收回账号及权限、回收设备、回收网络访问权限、清理演练数据等，确保后续业务正常运行。相关内容如下。

1）收集报告：收集攻击队提交的总结报告和防守方提交的总结报告并汇总信息。

2）清除后门：依据攻击队报告和监控到的攻击流量，将攻击方上传的后门进行清除。

3）收回账号及权限：攻击队提交报告后，收回攻击队所有账号及权限，包括攻击队在目标系统上新建的账号。

4）回收设备：对攻击队电脑（或虚拟终端）进行格式化处理，清除过程数据。

5）收回网络访问权限：收回攻击队的网络访问权限。

6）清理演练数据：当主办方完成演练数据导出后，对平台侧的演练数据进行清理。

2. 演练总结

演练总结主要包括参演单位编写总结报告，评委专家汇总演练成果，演练全体单位召开总结会议，开展编排演练视频与开展宣传工作。对整个演练进行全面总结，对发现的问题积极整改，开展后期宣传工作，体现演练的实用性。

1）成果确认：以攻击队提供的攻击成果确认被攻陷目标的归属单位或部门，落实攻击成果。

2）数据统计：汇总攻击队和防守队成果，统计攻防数据，进行评分与排名。

3）总结会议：参演单位进行总结汇报，组织方对演练进行总体评价，攻击队与防守队进行经验分享，为成绩优异的参演队伍颁发奖杯和证书，对问题提出改进建议和整改计划。

4）视频编排与宣传：制作实战攻防演练视频，供防守队在内部播放与宣传，提高人员安全意识。

5）整改建议：实战攻防演练工作完成后，演练组织方组织专业技术人员和专家，汇总、分析所有攻击数据，进行充分、全面的复盘分析，总结经验教训，并对不足之处给出合理整改建议，为防守队提供具有针对性的详细过程分析报告，随后下发参演防守单位，督促整改并上报整改结果。后续防守队应不断优化防护工作模式，循序渐进地完善安全防护措施，优化安全策略，强化人员队伍技术能力，整体提升网络安全防护水平。

组织沙盘推演的 4 个阶段

沙盘推演是在实战攻防演练的基础上，在攻击路线、攻击手段等的有效性被证实的情况下，评估真实网络攻击可能对政企机构及公共安全产生的影响，包括经济损失、声誉损失和社会影响等；同时，对攻防过程中应急响应的有效性进行全过程评估。

传统的实战攻防演练更多关注的是技术和管理层面的安全风险与攻击有效性，所以沙盘推演并不是其必选阶段。但是，作为安全损失评估的重要过程，沙盘推演为演练机构进行科学合理的安全规划、安全建设和安全投入提供了关键性的参考依据。因此，沙盘推演的概念和方法一经提出就备受关注，并在越来越多的实战攻防演练中被吸收和采纳。

沙盘推演的整体策划和组织过程分为多个阶段，主要包括以下四个阶段。

13.1 组织策划阶段

组织策划阶段的主要目的是通过建立推演组织、明确推演目标、搭建推演平台、确定推演流程和制定推演规则等工作并形成策划方案，为沙盘推演打下基础。

1. 建立推演组织

为保证沙盘推演工作的顺利完成，需要组建沙盘推演工作小组，其组织架构如图 13-1 所示。

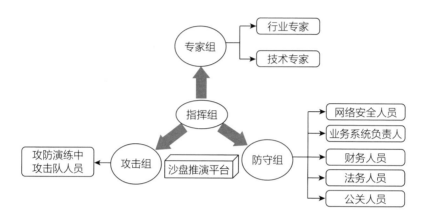

图 13-1 沙盘推演工作小组组织架构图

1）指挥组：主要由推演组织单位组成，负责推演工作的指挥协调、过程策划、人员选定以及规则制定等工作。

2）攻击组：主要由攻防演练中攻击队人员组成，负责攻击方案制定、讲解等工作。

3）防守组：主要由参演企业网络安全人员、业务系统负责人以及目标企业相关财务、法务和公关人员组成。财务、法务和公关人员的作用为评估网络攻击对企业业务产生的影响，包括但不限于以下几方面：

❑ 财务人员负责评估模拟攻击可能造成的经济损失；
❑ 法务人员负责评估模拟攻击可能造成的政策监管风险；
❑ 公关人员负责评估模拟攻击可能造成的声誉影响。

4）专家组：主要由组织单位邀请行业专家和技术专家组成，负责对推演过程中攻防双方方案的可行性进行点评并打分。

2. 明确攻击目标

依据沙盘推演需要达到的目标及影响范围，选定推演拟攻击的目标系统。一般应优先选择关键业务系统、覆盖多区域的业务专网作为模拟攻击目标进行推演。

3. 搭建推演平台

为了体现推演过程中攻防双方的结果，方便专家组根据评分规则进行点评，需搭建沙盘推演平台。推演平台可为攻防双方在推演过程中展示攻防手段，帮助专家组依据评分规则进行评分。

4. 确定推演流程

推演阶段是沙盘推演过程中最重要的阶段。推演流程根据不同的业务场景分为多场推演，每场推演依据不同的攻击方案设定为一轮或多轮。图 13-2 为常见的沙盘推演流程。

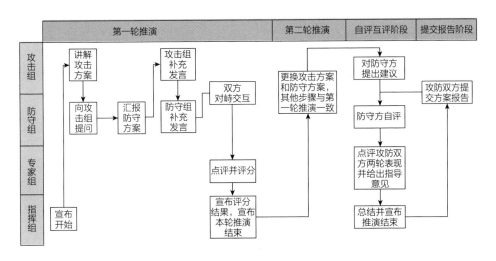

图 13-2　沙盘推演流程图

1）攻击组讲解攻击方案。由攻击组结合实战演练结果提供攻击方案可行性论证，同时说明攻击过程预计投入的时间、人力和物力以及相关投入的科学性。

2）防守组向攻击组提问。由防守组对攻击组提出的攻击方案及攻击思路进行提问和质辩，以确认攻击方案的可行性。

3）防守组汇报防守方案：防守组针对攻击组提出的攻击方案，提出可行的防守方案并与攻击组质辩相关方案的可行性。

4）攻击组补充发言。攻击组根据防守组已经确认的可行性方案，提出自己将要采取的实际攻击及进一步行动，如数据篡改、窃取、删除以及攻击范围、攻击效果等。

5）防守组补充发言。防守组提出自己的应急响应方案，并估算投入成本，包括投入的时间、人力、物力等。

6）双方对峙交互双方在对峙过程中进行交互，论证双方投入的时间、人力、物力的可行性，避免出现理论上可行而实施成本过高的假设。

7）专家组点评并评分双方发言结束后，由专家组人员对攻防双方的表现进行评价并根据打分规则评分。

8）宣布第一轮评分结果及主要结论，并宣布第一轮推演结束。

按照以上流程，依据攻击组其他攻击方案开展后面几轮推演工作，并在多轮推演结束后开展以下工作。

1）攻击组针对上述两轮推演对防守组提出安全建议。

2）防守组自评。防守组对两轮防守策略、方案、表现进行自评。

3）专家组点评。综合两轮推演，专家组对攻击组和防守组依据评分规则使用评分平台对双方进行评分，并给出指导意见。

4）宣布推演结束。指挥组宣布推演结束。

5）提交报告。攻防双方提交方案报告。

5.制定推演规则

沙盘推演的第一要素是规则，如攻方如何证明攻击路线和攻击手段的可行性，守方如何证明其应对措施的可行性及可能的响应周期。攻防双方需共同对评估结果的科学性提供保障。制定规则的目标也是保证这种结果的科学性，指挥组应依据实际环境制定相应的评分规则。

推演周期一般建议为1～2天，单场推演建议不超过3小时。建议攻击组在推演开始前 1 小时内向防守组公布攻击方案，因为做好攻击方案保密工作是最大限度模拟实际攻击过程、检验防守组反应能力的有效方法。攻防双方推演时间需控制在指定范围内。

13.2　推演准备阶段

推演准备阶段的主要目的是基于策划方案，依据推演实际环境搭建演示环境，初步形成推演演示环境，主要工作内容为攻击方案筛选、推演平台搭建、推演展台搭建、推演人员准备等。

1. 攻击方案筛选

推演准备阶段需要攻击组提前提交攻击方案，专家组进行评审并指导攻击组对方案进行调整与优化，选取优秀方案纳入推演环节。

2. 推演平台搭建

依据现场实际场景搭建推演平台，导入攻击组方案形成攻击路线图，并在推演开始前导入防守组方案，主要用于在防守组质辩过程中展示防守方案，开通对应专家组账号。

3. 推演展台搭建

依据推演模式选择可容纳攻击组、防守组、专家组、指挥组等人员的场地，根据现场环境的实际情况搭建展示大屏、攻防展台、灯光等。

4. 推演人员准备

1）攻击组人员准备。攻击组人员可为攻防演练阶段蓝队人员或第三方蓝队人员。攻击组人员需具备蓝队攻击经验，了解防守组网络架构及安全脆弱点并能够制定专项攻击方案。建议组建 2 队，每队 2～3 人。如涉及第三方蓝队人员，须签订保密协议，并宣贯推演规则。

2）防守组人员准备。防守组人员由目标系统网络安全人员、业务系统负责人以及财务、会务和公关人员组成。建议至少组建 2 组，每组 2～3 人。

3）现场保障人员准备。应由指挥组组建现场保障团队，主要负责推演现场环境、展示、平台等的运行保障工作。

4）现场摄制人员准备。如需现场拍摄推演过程，指挥组需组建现场拍摄团队。

5）主持人准备。主持人主要负责推演全过程中的现场节奏把控，由指挥组指定人员担任。

13.3 沙盘推演阶段

沙盘推演由指挥组依据推演策划内容，协调攻击组与防守组实施。沙盘推演阶段主要涉及推演过程、评估影响、专家评分等工作。

1）推演过程。沙盘推演主要由攻防双方根据对应方案展开阐述和对峙。推演过程中指挥组应确保双方在质辩过程中按规则执行，双方关注点不跑偏。

2）评估影响。由评估人员，即防守方财务、会务和公关人员在攻防双方质辩结束后对推演影响进行评估，并输出攻防双方本次推演的可行性评估方案及评估损失文档。

3）专家评分。攻防双方对峙结束后，专家组依据评分规则对攻防双方方案可行性进行点评和评分。攻击组评分规则主要考量技术水平、攻击危害性、可行性等方面，防守组评分规则主要考量监测、发现、应急处置、协调配合等方面。

4）推演保障。需对现场平台、展台、网络链路进行例行检查，做好资源保障；确定紧急联系人列表，紧急联系人主要负责推演现场平台或展台突发故障应急事宜，执行预案，遇到突发事件报告指挥组。

13.4 总结评估阶段

总结评估阶段的工作目的是对沙盘推演整体过程进行复盘、总结和汇报。推演结束后，攻击组和防守组需向指挥组提供本次推演的相关材料，指挥组对这些材料进行评审，并确定后续工作如何开展。